# 家居装修施工

## 从入门到精通

理想·宅 编

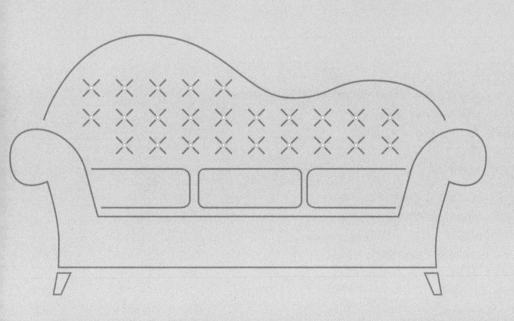

中国电力出版社
CHINA ELECTRIC POWER PRESS

## 内 容 提 要

本书将家居装修施工划分为施工准备、基础改造、泥瓦施工、木作施工、油漆施工、质量验收、问题处理七个阶段，并介绍每个阶段需要学习、掌握和了解的装修施工内容，涵盖了该装修施工阶段的总体要点，给出房主与施工方对应的工作内容参照表，并做进一步的内容分解，以现场施工要求、流程图、施工重点组成一个个简单易懂的工序点，让繁杂的装修施工过程变得清晰、具体，可以更好地掌握装修施工技能。

**图书在版编目（CIP）数据**

家居装修施工 . 从入门到精通 / 理想·宅编 . —北
京：中国电力出版社，2018.6
ISBN 978-7-5198-1922-4

Ⅰ.①家…　Ⅱ.①理…　Ⅲ.①住宅—室内装修—工程
施工　Ⅳ.① TU767

中国版本图书馆 CIP 数据核字（2018）第 068548 号

出版发行：中国电力出版社
地　　址：北京市东城区北京站西街 19 号（邮政编码 100005）
网　　址：http://www.cepp.sgcc.com.cn
责任编辑：曹　巍（010－63412609）
责任校对：郝军燕
责任印制：杨晓东

印　　刷：北京博图彩色印刷有限公司
版　　次：2018 年 6 月第一版
印　　次：2018 年 6 月第一次印刷
开　　本：710 毫米 × 1000 毫米　1/16
印　　张：13.25
字　　数：315 千字
定　　价：58.00 元

# 目 录
## CONTENTS

# 第一章
▼
## 装修施工前的准备工作

　　房主在装修前一定要花点时间，梳理一下需要做的准备工作，这样才能保证装修施工的顺利开始，避免工人进场后，由于准备工作的不足，耽误装修进度。对于施工方来说，无论房主说准备工作做得如何到位，都必须要到现场去实地勘查一遍，并就开工需要的基础条件，与房主一一核实，避免盲目进场后，由于停工导致不必要的损失。对于装修前的准备工作，房主和施工方可以参考下表逐项进行核实。

| 序号 | 房主 | 施工方 |
|:---:|:---:|:---:|
| 1 | 获取房屋图纸 | 确定承包方式 |
| 2 | 确定设计图纸 | 确定现场施工负责人 |
| 3 | 初步了解建材 | 勘查现场 |
| 4 | 初步了解家电 | 确定施工现场水电 |
| 5 | 签订物业装修管理服务协议 | 取得设计图纸 |
| 6 | 办理开工证 | 初步了解房主装修需求 |
| 7 | 办理出入证 | 拟定装修项目及施工顺序 |
| 8 | 缴纳装修押金 | 初步估算装修价格 |
| 9 | 缴纳暖气改造押金 | 拟定装修工期 |
| 10 | 缴纳垃圾清理费 | 准备装修工具 |
| 11 | 配备施工钥匙 | 准备进场材料 |

1. 选择合适的装修季节。

2. 选择合适的装修施工承包方式。

3. 快速掌握装修报价。

4. 掌握完整装修施工流程。

5. 掌握装修面积及材料用量计算方式。

# 一、选择装修季节

## （一）不同季节装修的差异

（1）春季施工，最应引起注意的问题是防潮。如果防潮工作做得不好，后期就很容易发生木料变形、地板起翘、墙面出现裂缝等问题。春天潮热，油漆刷上后干得慢，而且油漆吸收空气中的水分后，会产生一层雾面，一般使用吹干剂，加快油漆风干的速度。春季施工还有许多应该注意的小细

墙面涂刷

节，例如，选料时，乳胶漆、胶黏剂一定要选有弹性的；然后再加绑带，以免后期角线风干断裂；铺木地板时要先做好防水防潮处理工作。

（2）夏季高温且多雨潮湿，木材湿度较大，所以购买木质板材、木龙骨、实木线条时要注意材料的干燥度，尽量不要在下雨或雨后一两天内购买木质材料；当空气湿度较高时，使用油漆的时候，要在油漆内加入些防白水，以防止漆膜发雾。在粘贴瓷砖、地砖、处理墙面之前，不能让饰面底层过于干燥。在铺装实木地板时，要把握好分寸，为实木地板留下一定的伸缩系数。

（3）秋季气候相对干燥，在装修时要注意防变形、丁裂、收缩。壁纸和壁布在铺贴前一定要

先放在水中浸透"补水"，然后再刷胶铺贴，让贴好壁纸和壁布的墙面自然阴干。不要将木材放置在通风处，要及时对木料进行封油处理。对于墙体裂缝，应等到墙内水分和外界气候适宜时，再进行修补。

（4）冬季气温低，所有"湿"性施工，必须注意保温，并且适当延长工序时间。冬季室内由于采暖或空调等原因高于室外气温，装修中购回的木工材料，特别是实木线条，在室温下会脱水收缩变形，在购买和施工时，要考虑这一因素。如室内要铺装实木地板，最好在施工前将木地板购回，并开包放置，以防止实木地板因热胀起鼓变形。此外，冬季装修还要考虑材料搬运、气候干燥、通风不畅、尘土较重等诸多不利因素。

## （二）最佳装修季节

一般来说，家庭装修应该尽量避开夏季和冬季。夏季太潮，对于装修用的木材来说，含水率太高，后期干燥后，就容易变形。冬季，气温太低，涂料和水泥砂浆不容易凝结，影响装修质量。因此，装修市场才有春、秋两次旺季之说，尤以春季装修为多。

当然，这只是一般情况，要是您恰好夏天有空，那也可以装修，多注意材料一定要烘干后再用，勤通风，也没有多大问题。冬季装修相对而言，确实要少一些，尤其是北方，如果没有供暖，都冻住了，根本没法装修。

即使在适合装修的春季和秋季，也要注意一些细节问题，春季注意防潮，秋季气候比较干燥，木材如果放通风口，过不了几天就风干了，也容易变形。

**雨季装修注意事项**

（1）正常情况下，板材的含水率既不能太高，也不能过低，在不计环境湿度的条件下，木材控制在15%的含水率为标准含水率。所以雨季购买板材时，要避开阴雨天，选择适当干燥些的季节购进板材。

（2）在墙面刮腻子之前，可用干布将潮湿水汽擦拭干净后再进行。

（3）当地砖铺贴完成后，因为天气较潮而使水泥凝固速度减慢，所以地砖铺贴完成后不能马上踩踏，须搭设跳板通行。

（4）由于雨季空气偏湿，而致使墙面和家具刷漆后不易干燥，此时要注意不能操之过急，必须等第一道漆干透了才能刷第二遍漆。同时工地有人时，应将所有门窗打开，保证及时通风透气。

（5）雨季材料易膨胀，如要求门扇与门框之间的缝隙应小于2mm，但黄梅季节时，这个缝就要比旱季多留一些。

（6）在防水涂料中加入一些防潮添加剂，以便减少潮气的吸取量，从而减小雨季带来的施工影响。

（7）一般而言，密度大、含油性大的木头防水效果较好，不容易吸潮，如重蚁木，菠萝格的稳定性也不错，如果在地板上贴一层防潮膜，就会有更好的防潮效果。

# 二、施工承包方式

## （一）不同承包方式特点

| 施工承包方式 | 优点 | 缺点 | 选择理由 |
|---|---|---|---|
| 包工包料（全包） | 1. 节省业主大量的时间和精力；<br>2. 所购材料基本上均为"正品" | 1. 容易产生偷工减料现象；<br>2. 装修公司在材料上有很大利润空间 | 时间有限、资金充裕 |
| 包工包辅料（半包） | 1. 相对省去部分时间和精力；<br>2. 自己对主材的把握可以满足一部分"我的装修我做主"的心理；<br>3. 避免装修公司利用主材获利 | 1. 辅料以次充好，偷工减料；<br>2. 如果出现装修质量问题常归咎于业主自购主材 | 有一定时间了解建材，把握装修主要环节 |
| 包清工（清包） | 1. 将材料费用紧紧抓在自己手上，装修公司材料零利润；如果对材料熟悉，可以买到最优性价比产品；<br>2. 极大满足"自己动手装修"的愿望 | 1. 耗费大量时间掌握材料知识；<br>2. 容易买到假冒伪劣产品；<br>3. 无休止砍价导致身心疲惫；<br>4. 运输费用浪费；<br>5. 对材料用量估计失误引起浪费；<br>6. 工人是不会帮你省材料的；<br>7. 装修质量问题可能全部归咎于材料 | 了解装修、有充裕的时间、把握装修全过程 |

## （二）包工包料

包工包料是指将购买装饰材料的工作委托给装修公司，由其统一报出装修所需要的费用和人工费用。包工包料是装修公司非常喜欢也较为普遍的做法。

如果业主工作很忙，几乎没有时间和精力投入装修；或者对装修一无所知，且又不愿学习或不愿多逛市场，那么就可以选择包工包料。但是，为了保障自己的合法权益，除在合同中明确各种材料的质地、规格、等级、价格、用量和工艺做法之外；对于各种施工步骤，要明确具体流程，对于总开支，要

包工包料

有明确预算并确保增加项在规定百分比范围以内。这种方式最省时间，但是费用相对来说最昂贵的。

### （三）包工包辅料

包工包辅料是指业主自备装修的主要材料，如地砖、釉面砖、涂料、壁纸、木地板、洁具等，由装修公司负责装修工程的施工和辅助材料（水泥、沙子、石灰等）的采购，业主只要与装修公司结算人工费、机械使用费和辅助材料费即可。

采用这种方式装修，业主需要对装饰主材有一定的鉴别能力，如有较充裕的时间和精力采购材料，可以自己把握装修的主要环节，起到部分监督作用。但是所购装饰主材的品种较少等。在购买主材时，施工方可以推荐商家，但是至于买不买，由业主自己说了算。这种方式是目前家居装修承包中较为普遍的一种。

### （四）包清工

包清工是指业主自己购买所有的材料，装修公司只负责施工。

对于有充足的时间盯现场，而且对装修也比较了解的业主来说，可以只把装修中的人工承包出去，所有材料都由业主亲自选购。这种方式非常耗费业主的精力，对于非专业人士来说，最终的效果也并不一定很理想。

## 三、签订装修合同

### （一）装修合同重点

1. 工期约定：一般两居室 100m$^2$ 的房间，简单装修的话，工期在 35 天左右，装修公司为了保险，一般会把工期约定到 45~50 天。如果着急入住，就要在签合同的时候和设计师商榷相应的条款内容。

2. 付款方式：装修款不宜一次性付清，最好能分成首期款、中期款和尾款三部分。

3. 增减项目：如果你在工程进行中，对某些装修项目有所增减，就一定要填写相关的"工程变更单"，并作为合同的附件汇入装修合同书中。

4. 保修条款：现在装修的整个过程主要还是以手工现场制作为主，没有实现全面工厂化，所以难免会有各种各样的细碎质量问题。保修时间内，装修公司应该担负的责任就尤为重要了。比如责任问题，装修公司是包工包料全部负责保修，还是只包工，不负责材料保修，或是还有其他制约条款，这些一定要在合同中写清楚。

5. 水电费用：装修过程中，现场施工都会用到水、

签订合同

电、燃气等。一般到工程结束，水电费加起来是一笔不小的数目，这笔费用由谁支付在合同中也应该标明。

6. 按图施工：严格按照业主签字认可的图纸施工，如果细节尺寸上与设计图纸上的不符合，可以要求返工。

7. 监理和质检到场时间和次数：一般的装修公司都将工程分给各个施工队来完成，派遣质检人员和监理是装修公司对他们最重要的监督手段，质检人员和监理到场巡视的时间间隔，对工程的质量尤为重要。监理和质检人员，每隔 2 天应该到场一次。设计师也应该 3~5 天到场一次，看看现场施工结果是否符合自己的设计。

## （二）装修付款时间节点

### 1. 首期款支付时间

对于包工包料或半包工程来讲，装修的首期款一般为总费用的 30%~40%，但为了保险起见，首期款的支付应该争取在第一批材料进场并验收合格后支付，否则发现材料有问题，业主就会变得很被动。

对于清包工程，装修的费用一般不算多，装修公司一般会要求先支付点"生活费"，一般是基层材料款和少量人工生活费。这时业主不妨先付一些，但出手不要太过阔绰。清包费用可以勤给，但每次都不要给得太多，一定要控制好，以免工程完工前就把费用付清了。

### 2. 中期款支付时间

装修开始后，个别装修工头会以进材料没钱等借口向业主索要中期款。其实，中期款的付款标准是木工制作结束，厨卫墙、地砖、吊顶结束，墙面找平结束，电路改造结束。同时，中期款的支付最好在合同上有体现，只要合同写明，就可以完全按照合同的约定进行付款和施工了。

#### "工程过半"

从字面上来理解，"工程过半"就是指装修工程进行了一半。但是在实际过程中往往很难将工程划分得非常准确，因此一般会用两种办法来定义"工程过半"：工期进行了一半，在没有增加项目的情况下，可认为工程过半；将工程中的木工活贴完饰面但还没有油漆（俗称木工收口）作为工程过半的标志。一般来说，业主在装修时，应当在合同中明确"工程过半"的具体事项，以免因约定不清而影响装修资金的支付。

### 3. 支付装修尾款时间

通常情况下，装修公司会在装修工程没有完工时就要求业主付清剩下的装修款，这时，业主一定要等到装修工程完成并验收合格后再支付装修尾款，否则当发现装修工程质量有问题时，就无法控制装修公司了。

# 四、快速掌握装修预算报价

## （一）报价单中的主要项目费用

| 项目 | 费用说明 | 占比 |
|------|----------|------|
| 主材费 | 指在装修施工中按施工面积或单项工程涉及的成品和半成品的材料费，如地板、木门、油漆涂料、灯具、墙地砖、卫生洁具、厨房内厨具、水槽、热水器、燃气灶等 | 这些费用透明度较高，客户一般和装修公司都能够沟通，占整个工程费用的60%～70% |
| 辅材费 | 装修施工中所消耗的难以明确计算的材料，如钉子、螺钉、胶水、滑石粉（老粉）、水泥、黄沙、木料以及油漆刷子、砂纸、电线、小五金等 | 这些材料损耗较多，也难以具体算清，这项费用一般占到整个工程费用的10%～15%。而现在装修公司在给业主装修报价时均以成品施工单价报价，不需业主逐项计算 |
| 人工费 | 指整个装修工程中所耗的工人工资，其中包括工人直接施工的工资、工人上交劳动力市场的管理费和临时户口费、工人的医疗费、交通费、劳保用品费以及使用工具的机械消耗费等 | 这项费用一般占整个工程费用的15%～20% |
| 设计费 | 指工程的测量费、方案设计费和施工图纸设计费 | 一般是整个装修费用的3%～5%。 |
| 装修管理费 | 指在装修期间物业公司收取的管理费用，是装修工程的间接费用特指装修期间私有部分（专属部分）因管理产生的费用 | 管理费是装修工程的间接费用，它不直接形成家居装修工程的实体，也不归属于某一分部（项）工程，只能间接地分摊到各个装修工程的费用中，"家庭居室装饰装修工费指导价"中规定：管理费为直接费的5%～10% |
| 税金 | 指装修企业在承接装修工程业务的经营中向国家所交纳的法定税金 | 营改增后，装修税率一般纳税人为11%，小规模企业为3% |
| 利润 | 指装修公司在装修过程中获得的企业基本利润。通常情况下，业主给施工方的利润最好不要低于15%～20%，如果无利可图，肯定会采用一些非正常手段获利 | 大型品牌公司的毛利一般在30%～40%；中小型公司一般在20%～30%；装修队则更少 |

## （二）合理降低家装预算

1. **实用至上**：房子是用来居住的，装修应紧紧围绕生活起居展开，不能中看不中用。在装修中，一定要记住"实用才是硬道理"。

2. **方案阶段尽量减少工程量**：在确定维修方案阶段，尽量减少工程量，如墙面能不贴墙纸尽量不贴，贴上虽然美观，但不环保。尽量减少吊顶、装饰线条，线条的造价是比较高的，虽然美观，但从使用功能上起不到任何作用，特别是矮小的房子，如果用深色粗线条会显得房子更矮。

装修规划

3. **不要盲目避免上当**：装修的预算主要取决于装修的材料和装修的档次，这也是在装修前一定要考虑好的问题，毕竟不同品牌、不同档次的材料价格相差很大。

4. **尽量不要增加或少增加项目**：除了一定需要增加的项目外，严格控制好项目的增加量。

5. **合理选择装修公司**：合理选择装修公司是控制成本最好的办法，不妨多比较几家装修公司。

6. **大众化的材料与工艺**：装修中要有重点，重点的部分不妨多花点钱，装修出档次和格调，其他部分不妨就选择大众化的材料和工艺，这样既能突出重点，又能省下不少钱。

7. **小房子不要贴大块的地砖、墙砖**：大的地砖、墙砖会加大材料损耗量，如果橱柜面积较大，可用低价位的材料贴背面。

8. **"货比三家"选材料**：材料有不同的等级，即使是同等级的材料在不同的卖场价格上也会有差异，因此选材一定要"货比三家"。

9. **准确计算材料用量**：订货时计算材料量要避免过大或过小，因为有些材料是不能退的，如切割了的地砖、踢脚线等。

10. **买打折材料**：买名牌打折的材料，既省钱又能保证质量。

11. **团购大件产品**：大件设备可参加团购或待厂家搞活动时集中采购。

12. **专业人士帮忙**：在选购材料时，不妨与专业人士或装修工人同去，一来他们比较了解行情，同时他们跟材料商比较熟悉，没准能得到让你惊喜的优惠。

13. **淡季装修**：装修也有淡季和旺季之分，旺季时工人和材料有比较"抢手"，价格当然也会比较高。

# 五、装修施工流程

## （一）简单基础硬装

| 序号 | 项目 | 施工内容 |
| --- | --- | --- |
| 1 | 水电 | 水电安装是专业技术活，得找个专业的水电工来安装水电 |
| 2 | 防水 | 阳台、厨卫间地面和墙面先做完防水处理，然后做保护层，再铺贴瓷砖 |
| 3 | 门窗 | 门窗安装，买的时候，选择包安装的商家 |
| 4 | 刷漆 | 卧室、客厅、餐厅、书房如果是腻子墙那就简单了，打磨，刷乳胶漆；如果是水泥墙，还得辊一遍混凝土界面剂，然后刮腻子、刷乳胶漆 |
| 5 | 地面 | 由瓦工师傅铺瓷砖；或者买地板，选择包安装的商家 |
| 6 | 安装 | 厨卫、灯具和家具的安装，基本上都是商家包 |

## （二）家居装修施工流程

墙体改造　→　水电施工　→　瓦工施工　→　木作施工　→　油漆施工　→　安装施工　→　质量验收

家居装修施工流程根据现场的具体情况会有一些交叉和调整，但无论如何调整，这些工序流程都是不可替代的，而且相邻工序的衔接和配合一定要协调好。从某种意义上来说，控制住了装修施工流程，就是对装修质量的最大保证。

### 1. 墙体拆改

墙体拆改主要是根据房主的装修需求或者平面布置图进行家具空间的重新分配。在家居中只起到分隔空间作用的轻体墙、空心板可以拆，不能破坏承重墙。原有墙体在拆除过程中要避免"暴力"拆除，不要破坏相邻的结构，墙体要细致地拆到原有结构层，拆除之前要封堵相关的下水口。

墙体拆改

### 2. 水电施工

水电施工是家居装修的重点环节，由于水电施工属于隐蔽工程，从材料到施工都要严格控制，一旦出现问题后期维修起来会比较困难，而且水电施工质量如果不好，还可能会存在很大的安全隐患。电路布置应该遵循"宁多勿少"的原则，在充分获取房主的使用要求基础上，最好再预留一定的富余量。在水电施工过程中，对于整体橱柜、燃气、卫浴器具等涉及厂家安装的项目，需要提前获得相关预留数据，甚至在厂家的设计基础上进行再布置。

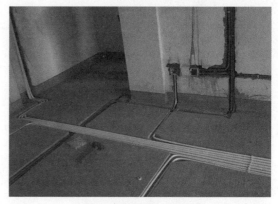

水电布线

### 3. 瓦工施工

家居装修中的瓦工项目主要是指墙、地面找平、贴砖、防水以及装地漏等项目。瓦工施工环节最重要的就是防水施工，对于卫生间、厨房、阳台等，一定不能忽略防水处理，宁愿多刷，也不能漏刷或者少刷。防水质量如果不合格，万一出现漏水不仅自己有损失，还会引发邻里纠纷。还有就是需要提前打孔的项目比如空调预留孔，最好能在瓦工施工过程中进行，避免后期污染。

贴砖

### 4. 木作施工

木作施工一般涉及吊顶安装、门窗制作、家具打造、地板铺装等，关系到家居中很多地方的使用是否方便和外观效果。木工工程在装修中占的比重及施工工期都比较大，木工的活虽然并不反映在最终的表面效果上，但活做得好不好、细不细，却是影响最终装修效果的主要因素。

现在不少家庭都选择购买成品家具或者订制家具，相对而言，现场制作从工艺和质量上更有保证。目前木地板经销商一般都提供安装服务，从售后服务的角度来

吊顶

说，最好还是选择商家安装，这样后期如果出现问题，就不用区分是安装还是材料的问题了。

5. 油漆施工

油漆施工是装修中的"面子"工程，其施工的质量直接关系到最终效果的好坏，在装修工程中如果油漆做得好，基本上家庭装修的整体效果就成功了80%。家居装修中的油漆施工一般包括木制品油漆和墙面乳胶漆、贴壁纸以及其他装饰墙面的施工。

贴壁纸

油漆施工非常"害怕"粉尘，一定要营造一个干净的施工环境，保证油漆施工的质量。大多数油漆施工都要保证"一底两面或三面"的涂刷工序，最后一遍面漆的涂刷可以安排在开关插座和地板都铺设好之后进行。

6. 安装施工

家居装修中的安装施工主要是指五金件、开关插座、灯具、橱柜、卫浴洁具、暖气以及其他一些制品的安装。橱柜现在基本上都选用的是整体橱柜，商家都会上门测量，并设计图纸。在橱柜设计阶段就要确定好燃气灶、抽油烟机、水槽、消毒柜等电器与用具的型号，在安装之前全部送到现场，与橱柜一次性安装完成。厨卫的铝扣板吊顶现在多选用集成吊顶，一般由厂商提供安装服务。

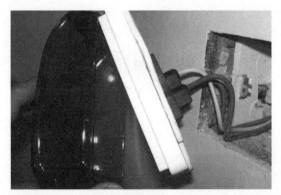

插座安装

7. 质量验收

家居装修施工完成后，对于业主最重要的事情就是要进行验收，可以根据建筑装饰行业协会编制的《家庭装修工程质量验收规定》对照进行每项工序的验收。质量验收完会根据实际的工程量进行最后的结算，这个需要施工方和业主提前协商好，工程量的确定最终需要根据实际进行结算。

除了质量验收外，在家具进场前，最好进行一次环境污染监测。等家具进场后，

质量验收

再检测一次，从而确保装修施工与家具都符合环保要求的。

**不同工种的进场顺序**

　　装修工种上场的基本次序为：瓦工（负责拆除）——水电工（负责基础布线）——瓦工（负责砌墙、贴砖）——木工——油漆工——水电工（负责安装）。

　　实际上这些工种的工作之间存在着交叉，因此在实际装修过程中需要注意协调，但是大致应该遵守这样的次序。

## （三）居室装修不能进行的项目

　　（1）不得把承重墙拆除，拆除连接阳台门窗的墙体，扩大原有门窗尺寸或者另建门窗。还有窗门的窗台墙也不允许拆除。

承重墙不能拆

　　（2）不得随意增加楼地面静荷载，在室内砌砖或者安装重量大的吊顶，安装大型灯具或吊扇。吊顶应用轻钢龙骨吊顶或铝合金龙骨吊顶及周边木吊顶；吊扇的扇幅直径不得超过1.2m。

　　（3）不得任意刨凿顶板，不经穿管直接埋设电线或者改线。沿顶板底面走向的电线要穿管，不可将电线直接放在顶板凿槽内。已有的暗埋电线不可任意改动。已有的明装电线可改为暗线，但沿墙和沿顶走向的暗线必须穿管。

　　（4）不得破坏或拆除改装厨房和卫浴的地面防水层。

（5）不得破坏或拆改给水、排水、采暖、燃气、天然气等配套设施。

（6）不得大量使用易燃装饰材料及塑料制品。

（7）不得将分体式空调机的外机组装在阳台栏板上；阳台上不允许堆放重物。

（8）不得在多孔钢筋混凝土上钻深度大于 20mm 的孔；钢射钉不得打到砖砌体上。

### 从图纸上识别承重墙和房梁

从现行的建筑规范来说，240mm 及以上厚度的墙基本都是承重墙（高层、小高层），这是一个最基本的判断。最好能从开发商手里拿到房屋结构平面图，一般图纸上黑色部分代表承重墙，建筑施工图中的粗实线部分和圈梁结构中非承重梁下的墙体也都是承重墙。非承重墙一般以虚线或者细线表示，这是最稳妥的辨别方法。

除此之外，业主还可以掌握几个基本的辨别方法：一般所有的砖混结构房屋墙体都是承重墙；框架结构房屋的内部墙体一般不是承重墙；标准黏土砖多为承重墙，加气砖一般为非承重墙；与梁间紧密结合的多为承重墙；敲击墙体，清脆有回声的，多为非承重墙，沉闷或者没有什么声音的多为承重墙。

施工平面图

## （四）家居主要空间装修项目示例

| 家居空间 | 装修项目 | 说明 |
| --- | --- | --- |
| 客厅和餐厅 | 铺设地砖 | 主材是地面砖，辅材为水泥、黄沙、水及胶水，损耗是 5% |
| | 制作踢脚线 | 应有踢脚线基层（九厘板、三夹板）、踢脚线线条、油漆和人工价格 |
| | 墙面、顶面乳胶漆 | 应该有基础处理、乳胶漆底漆和人工的价格 |
| | 石膏板吊顶 | 按投影面积计费：辅材和人工价格 |
| | 门安装 | 应该是包含门及门附属部分的安装（如铰链、门锁、门吸）、油漆和人工 |
| | 各种柜体、隔断和装饰墙的制作 | 应该包含基层框架、小五金件安装、油漆和人工 |
| | 水电安装 | 费用分三部分：辅材——线管、电线等；主材——开关、插座、灯具、洁具等；人工费。以上费用各地价格标准都不一样。水电安装也包括厨房卫浴设备安装。大部分装饰公司按房子建筑面积预支费用，工程完工后再结算 |

| 家居空间 | 装修项目 | 说明 |
|---|---|---|
| 卧室装修项目 | 铺设地板（实木或复合地板） | 应有地格栅（成品或成材方木）磨木地板、油漆和人工的价格（地格栅上加铺 12 厘板另算） |
| | 顶角线 | 应该是成品顶角线的价格、安装敷料和人工价格 |
| | 门窗套制作 | 应该有基层处理（排骨档细木工板）、实木线条收口、线条贴脸、油漆和人工 |
| | 固定柜体家具的制作 | 应该是含家具基层框架、五金件安装（通常固定家具内衬材料应该选用不需要油漆的，如双面白，而装饰公司会希望业主使用家具油漆，因为油漆的利润比值比较大） |
| 厨房和卫浴装修项目 | 拆除 | 如果是旧房改造，拆除的工程量可能会比较大，包括原有的墙面、地面、吊顶等都需要拆除；如果是新房，要设计成开放式厨房的话，就会面临墙体拆除 |
| | 水路和电路改造 | 常说的隐蔽工程，现在的水路或电路一般都做成暗管。这一部分一定要多加留心，一般来说，水电路隐蔽工程，家装强制保修期通常是 5 年 |
| | 墙面地面抹灰找平 | 地面和墙面拆除后，用水泥找平墙面和地面不平整的位置，这将有利于做防水 |
| | 防水 | 水泥干透后，在墙面和地面刷涂防水涂料 2~3 遍，做 24 小时试水试验 |
| | 贴砖 | 地砖粘贴标准规定空鼓不大于 5%，两块砖拼缝对角的地方落差不大于 2mm |
| | 安装吊顶、厨卫器具、灯具等 | 在贴完墙砖和地砖后，就可以约相关人员上门安装吊顶、橱柜、卫浴具以及灯具 |

# 六、装修面积及用量计算

## （一）装修前快速测量方法

准备一把拉尺（钢卷尺），最好是 6m 长的，如果拉尺太短要分许多次量度，既麻烦又费时。准备一些 A3 或 A4 白纸、几支不同颜色的笔，例如，铅笔（要 HB 的），蓝、红、黑色签字笔（圆珠笔也可以）等，还有橡皮。先在白纸上把要量度的室内空间用铅笔画出一张平面草图，只是用眼来观察，用手简单画，先不使用拉尺。可从大门口开始，一个一个房间连续画过去。把全屋的平面画在同一张纸上，不要一个房间画一张。记住墙身要有厚度，门、窗、柱、洗手盆、浴缸、灶台等一切固定设备要全部画出，画错了擦去后改正。草图不必太准确，样子差不多即可，但不能太离谱，长形不要画成方形，方形不要画成扁形。画完草图后开始测量。使用拉尺放在墙边地面量。在每个房间内按顺（或逆）时针方向一段一段测量，量一次马上用蓝色签字

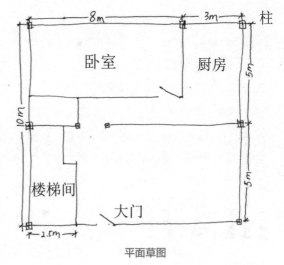

平面草图

笔把尺寸写在图上相应的位置。用同样办法量度立面，即门、窗、空调、灶台、面盆柜等高度记录下来。用红色笔在平面图和立面图上写上原有水电设施位置的尺寸（包括开关、天花灯、水龙头和燃气管的位置，电话及电视出线位等）。

## （二）装修面积计算

### 1. 墙面面积计算

墙面（包括柱面）的装饰材料一般包括涂料、石材、墙砖、壁纸、软包、护墙板、踢脚线等。计算面积时，材料不同，计算方法也不同。涂料、壁纸、软包和护墙板的面积按长度乘以高度，单位以"$m^2$"计算。长度按主墙面的净长计算；高度：无墙裙者从室内地面算至楼板底面，有墙裙者从墙裙顶点算至楼板底面；有顶棚的从室内地面（或墙裙顶点）算至顶棚下沿再加20cm。门、窗所占面积应扣除，但不扣除踢脚线、挂镜线、单个面积在0.3$m^2$以内的孔洞面积和梁头与墙面交接的面积。镶贴石材和墙砖时，按实铺面积以"$m^2$"计算，安装踢脚板面积按房屋内墙的净周长计算，单位为"m"。

### 2. 顶面面积计算

顶面（包括梁）的装饰材料一般包括涂料、吊顶、顶角线（装饰角花）及采光顶面等。顶面施工的面积均按墙与墙之间的净面积以"$m^2$"计算，不扣除间壁墙、穿过顶面的柱、垛和附墙烟囱等所占面积。顶角线长度按房屋内墙的净周长以"m"计算。

### 3. 地面面积计算

地面的装饰材料一般包括：木地板、地砖（或石材）、地毯、楼梯踏步及扶手等。地面面积按墙与墙间的净面积以"$m^2$"计算，不扣除间壁墙、穿过地面的柱、垛和附墙烟囱等所占面积。楼梯踏步的面积按实际展开面积以"$m^2$"计算，不扣除宽度在30cm以内的楼梯所占面积；楼

梯扶手和栏杆的长度可按其全部水平投影长度（不包括墙内部分）乘以系数 1.15 以"延长米"计算。

### 4. 其他面积计算

其他栏杆及扶手长度直接按"延长米"计算。对家具的面积计算没有固定的要求，一般以各装修公司报价中的习惯做法为准：用"延长米""m²"或"项"为单位来统计。但需要注意的是，每种家具的计量单位应该保持一致，例如，做两个衣柜，不能出现一个以"m²"为计量单位，另一个则以"项"为计量单位的现象。

## （三）材料用料计算

### 1. 瓷砖用量计算

现在瓷砖价格差异很大，有些高档瓷砖动辄好几百元一块，质量中等的也要上百元一块，因此购买之前，精确地计算出全屋的瓷砖用量还是很有必要的。现在很多瓷砖经销商店里都有专门的换算图表，可根据房间的面积计算出所需的瓷砖用量。有些换算图表做得很方便，只要了解墙面的高度和宽度便可计算出瓷砖的用量。瓷砖在铺贴的时候，会有一定的损耗，损耗的多少跟房屋的规整度有很大的关系，在购买的时候必须要把这个考虑在内，一般损耗量在 3%~5% 即可。瓷砖在制造的过程中，不同批次的产品难免会有色泽和花色的细微变化。有些产品如果缺货，后期再加购，小批量的也很难调货。所以在购买瓷砖的时候，要买同一批次的产品，最好一次性买足。此外，现在很多经销商都有退货服务，只要没有损坏和浸水，哪怕一块瓷砖也给退，因此在购买的时候，如果把握不准，也可以适当多算一点损耗量。

虽然现在瓷砖用量的计算通常由施工方、瓷砖经销商计算，但是一般的计算公式还是要有所了解，便于核对。计算方法有两种，一种是按照面积计算，另一种是按照长度计算。

（1）按照长度计算。

$$瓷砖用量 = （房间长度 ÷ 砖长）×（房间高度 ÷ 砖高）$$

例如一个房间长度为 4.5m、高度为 2.9m，采用 600mm×600mm 的墙砖，墙面瓷砖用量 =（4500÷600）×（2900÷600）≈ 8×5=40 块。加上 3% 的损耗，大约为 2 块。整面墙大约需要 42 块砖。

（2）按照面积计算。

按照上例中的尺寸数据和损耗率，墙面用砖量为（4500×2900）÷（600×600）×1.03=37.3375 块，取整后，按照 38 块砖购买。

因为瓷砖可以退，所以算出的数字都可以取整，在施工过程中，可以让师傅充分利用裁切下来的砖，保留整块瓷砖，方便后期退给经销商。考虑到实际施工中的损耗和裁砖操作，按照长度计算出来的瓷砖用量一般比较稳妥一些。

2. 乳胶漆用量计算

计算乳胶漆用量之前先要找经销商问清楚一桶漆能够刷多少面积，然后再对房屋面积进行换算。大多数乳胶漆都有底漆和面漆之分，在实际施工过程中，一般采用一底两面的施工工序，购买乳胶漆也需要按照底漆和面漆分开购买。知道了乳胶漆的涂刷面积之后，还需要确定房屋是否采用彩色乳胶漆。在经销商处调色的话，只能整桶调色，这可能就会造成一些浪费。如果让工人师傅现场用色浆来兑的话，虽然会减少一些浪费，不过色差可能稍微大一些。此外，一些颜色比较重的漆，只涂刷两遍是不够的，要刷三遍甚至四遍以上才行，这就对乳胶漆的用量有比较大的影响。了解完涂刷需求后，就需要计算涂刷面积了。计算的时候，分为快速估算和精确计算两种。

（1）快速估算。

涂刷面积估算 = 房屋地面面积 ×（2.5 或者 3）。如果房屋的门、窗户比较多，可以取 2.5；如果门、窗户比较少，则适合取 3。

（2）精确计算。

涂刷面积 = 房屋墙、顶面积 − 门窗面积。这种算法需要把房屋的墙面、顶面的长宽都测量出来，算出总面积，再扣掉门窗等不需要涂刷的面积。

例如长 5.5m、宽 3.5m、高 2.8m 的房屋，假定其门窗面积为 $6m^2$，采用某品牌彩色乳胶漆，计算其需要的乳胶漆用量。

1）涂刷面积 =（5.5+3.5）×2×2.8+5.5×3.5−6=63.65$m^2$。

2）经询问经销商，该品牌乳胶漆底漆，5L 底漆大约能涂刷 70$m^2$，则正好购买一桶底漆；一桶 5L 面漆刷两遍，大约能刷 30$m^2$，在店内调色，则面漆选用两桶 5L 外略有不足，再加一桶 1L 装的面漆即可。

另外，很多涂刷工人师傅对于不同乳胶漆的涂刷用量都有自己的经验值，在计算涂料用量的过程中，除了按照经销商提供的耗用量进行计算外，最好跟涂刷工人师傅也提前确认一下。

3. 壁纸用量计算

一般市面上常见壁纸规格为每卷长 10m，宽 0.53m。壁纸的用量计算分为粗略计算和精确计算两种：

（1）粗略计算方法。地面面积 ×3= 壁纸的总面积；壁纸的总面积 ÷（0.53×10）= 壁纸的卷数。或直接将房间的面积乘以 2.5，其乘积就是贴墙用料数。如 20$m^2$ 房间用料为 20×2.5=50m。

（2）精确的计算方法。还有一个较为精确的公式：$S=(L/M+1)(H+h)+C/M$。其中 $S$——所需贴墙材料的长度（m）；$L$——扣去窗、门等后四壁的总长度（m）；$M$——贴墙材料的宽度（m），加 1 作为拼接花纹的余量；$H$——所需贴墙材料的高度（m）；$h$——贴墙材料上两个相同图案的距离（m）；$C$——窗、门等上下所需贴墙的面积（$m^2$）。

因为壁纸规格固定，因此在计算它的用量时，要注意壁纸的实际使用长度，通常要以房间的实际高度减去踢脚板以及顶线的高度。另外，房间的门、窗面积也要在使用的分量数中减去。这种计算方法适用于素色或细碎花的壁纸。壁纸的拼贴中要考虑对花的，图案越大，损耗越大，因此要比实际用量多买10%左右。

**4. 木地板用量计算**

现在木地板基本上都是由经销商负责安装，只要确定好房间需要铺设木地板的区域，测量出长、宽数值，挑选好自己心仪的地板后，经销商一般都会给出较为精确的用量。

地板常见规格有 1200mm×190mm、800mm×121mm、1212mm×295mm，损耗率一般在 5% 左右。

（1）粗略计算方法。地板的用量（m²）= 房间面积 + 房间面积 × 损耗率。例如：需铺设木地板房间的面积为 15m²，损耗率为 5%，那么木地板的用量（m²）=15+15×5%=15.75m²。

（2）精确的计算方法。（房间长度 ÷ 地板板长）×（房间宽度 ÷ 地板板宽）= 地板块数。例如：长 6m，宽 4m 的房间其用量的计算方法如下。房间长度 6m ÷ 地板长度 1.2m=5（块），房间宽度 4m ÷ 地板宽度 0.19m ≈ 21.05（块），取 21 块，用板总量：5×21=105（块）。

装修中，没有使用完的完整木地板是可以退的。

**5. 木线条用量计算**

木线条的主材料即为木线条本身。核算时将各个面上木线条按品种规格分别计算。所谓按品种规格计算，即把木线条分为压角线、压边线和装饰线三类，其中又分为分角线、半圆线、指甲线、凹凸线、波纹线等品种，每个品种有可能有不同的尺寸。计算时就是将相同品种和规格的木线条相加，再加上损耗量。一般线条宽度为 10~25mm 的小规格木线条，其损耗量为 5%~8%；宽度为 25~60mm 的大规格木线条，其损耗量为 3%~5%。对一些较大规格的圆弧木线条，因为需要定做或特别加工，所以一般都需单项列出其半径尺寸和数量。

木线条的辅助材料。如用钉松来固定，每 100m 木线条需 0.5 盒，小规格木线条通常用 20mm 的钉枪钉。如果用普通铁钉（俗称 1 寸圆钉），每 100m 需 0.3kg 左右。木线条的粘贴用胶，一般为白乳胶、309 胶、立时得等。每 100m 木线条需用量为 0.4~0.8kg。

# 七、装修监理控制

## （一）家居装修监理的作用

如果业主对装修装饰是外行，又无时间顾及装修工程，则往往会造成严重后果。

不规范、不合理、不公平的合同，在预算上就可能吃高估冒算的亏；在使用的装饰材料上，由于业主不懂专业，施工队有可能使用假冒伪劣产品或以旧代新，以次充好；在施工中容易偷工减料、粗制滥造。

不少人觉得已花了十几万元，甚至数十万元进行装修，若还要再付一笔监理费，似乎是额外支出。其实可以换一个角度考虑，首先监理在审核装修公司的设计、预算时可挤掉一些水分，这部分一般都要多于监理费；其次，有监理人员在工程材料质量、施工质量等方面把关，节约了业主大量的时间和精力。

请了监理以后并非万事大吉，业主一方面要经常同监理员保持联系，另一方面在闲暇时到装修现场查看，有疑问的地方及时与监理员沟通，有严重问题时要及时碰头，

监理解决专业问题

三方协商，及时整改。在隐蔽工程、分部分项工程及工程完工时，业主应到装修现场会同验收，方可继续施工。另外，业主自供材料部分应及时供应到工地，不得影响工程进度。

在装修过程中，一旦发现监理员工作有不负责任的地方，业主可直接对监理员提出警告，并根据合同予以惩罚。如果监理员不接受，业主可向监理公司反映，问题严重的必须要求监理公司将其调离岗位，重新委派监理员上岗，并确保装修不受影响。

## （二）装修监理的工作内容

很多业主装修都喜欢亲力亲为，浪费时间不说，有时候反倒起到了反作用，本意是节省预算，但是最后算下来却超出一大截！还不知道钱花在哪里！尤其是对装修什么也不懂的业主，更是对于家居装修伤脑筋，这个时候就不如花钱请一个装修监理了！

装修监理就是由专业监理人员组成，经政府审核批准、取得装饰监理资格，在装饰行业中起着质量监督管理作用的职能机构。

装修监理作为独立、公正的第三方，在接受业主的委托和授权后，会依据《住宅装饰装修验收标准》和业主与装修公司签订的规范《装修合同》，为业主提供预算审核、主材验收、质量控制、工期控制等一系列的技术性服务；并且在家装工程中替客户监督施工队的施工质量、用料、服务和保修等，防止装修公司和施工队的违规行为。

### （三）装修请监理的好处

（1）省心：业主可照常工作，不打乱业主的生活安排，不需要业主每天在现场。

（2）省力：业主不用东奔西跑地检查材料，而由监理人员代替业主把材料质量关、施工工艺关。

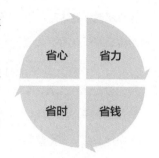

请监理的好处

（3）省时：业主不用怕施工方拖延时间，而由监理帮忙确定合理时间，并写入合同。如对方拖延时间，是要处罚的。

（4）省钱：一个合格的监理能够帮助业主去除装修过程中很多不合理的开支，同时挤掉报价单中的水分，多数情况下，请监理把关其实是省钱的。

### （四）装修监理费用计算

监理的费用是看天数和工程量计算的，一般家装在 2500~3000 元。装修请监理虽然要花钱，但是这钱花的绝对值得，请到好的监理员，能让业主省心、省力、省时、省钱。

# 八、装修施工注意事项

## （一）牢记装修 8 个关键词

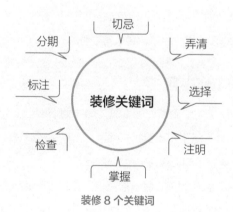

装修 8 个关键词

（1）切忌：切忌贪图小便宜选择"街道游击队"，不仅质量没保证，还有可能"卷款潜逃"。

（2）弄清：在签订合同前弄清所需要的材料、施工程序及装修项目、工期等，做到心中有数。

（3）选择：选择一家信誉好的、实力强的装修公司，虽然价格相对较高，但是"一分钱一分货"。

（4）注明：在合同中注明增减项目等有关事宜和违约责任及对于违约的处罚，保证双方在权益上公平、公正，一旦出现纠纷有法律依据。

（5）掌握：严格掌握工程过半的标准：木器制作结束、墙面找平结束、厨卫墙地砖吊顶结束、水电改造结束。

（6）检查：检查装修公司提供的报价单中所列项目的名称、材料、数量、做法、单价、总价等，最好请周围认识的专业人士核算一下。

（7）标注：在施工图上注明详细的施工做法和材料品牌，作为合同附件，越详细越好，便于了解施工情况。

不要贪图便宜

（8）分期：注明详细的付款方式，最好不要一次性付款。通常可以按照材料进场验收合格、中期验收合格、具备初验条件、竣工验收合格保洁结束并清场等几个阶段按比例支付。防止装修公司中途撤出，即使出现问题，有必要更换装修公司时也不会在经济上吃亏。

## （二）旧房改造注意事项

旧房改造要点

旧房装修的施工环境较为复杂，得优先考虑对左邻右舍、楼上楼下的影响，不仅是施工时间、噪声和气味，还有住宅结构缺陷、电梯的使用、物料的运输和存储、垃圾的堆放和清运、水电施工对其他住户的影响等因素。

（1）设计要求更高。以前的房子大多数属于较为简单的居住房，没有考虑更多的方便和舒适性，功能和设施也不够完善。在做旧房装修设计时要有效改善住宅的功能性，提高空间利用率，这无疑会对设计提出更高的要求。

（2）隐蔽工程难点多。老小区的下水管多是铸铁管，常年经污水浸泡，有很多已经生锈或腐烂，受外力影响很容易引起漏水或堵塞。因此，装修时尽量不要去改变下水道结构。其次，老小区进线容量不够，经过一户一表改造，进线容量已经扩大，二次装修时必须把家中的配电箱的主进线全部更换。随着宽带网及数字电视的普及，弱电的改造肯定势在必行！

（3）功能改造完善。相比初次装修，旧房装修的设计更重视居室功能的改造和完善，所以在设计上要求更多。比如对空间结构的理解、新设计与原有装修的协调、风格的营造、空间家具的布置等都需要有较高要求。

（4）新设计与原装修的协调。只要涉及新的设计，必然会与原有的装修发生冲突，如何将这些不协调的感觉降到最低是在局部设计中必须考虑的问题，反差过大会让人感觉不舒服，从而导致最终装修效果不理想。

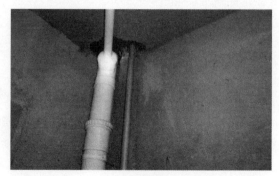

改旧水管

## （三）装修施工时间规定

对于装修时间，国家的法律只是给了一个纲要性的规定"在已竣工交付使用的住宅楼进行室内装修活动，应当限制作业时间，并采取其他有效措施，以减轻、避免对周围居民造成环境噪声污染。"（《中华人民共和国环境噪声污染防治法》），每个地方又根据自身的特点，结合这个法律规定出台了相关的细则，准备装修的业主一定要事先了解一下，否则一时大意，不仅影响到邻里之间的和睦关系，还很有可能招来处罚！

一般通行的装修时间规定：法定休息日、节假日全天及工作日 12 时至 14 时、18 时至次日 8 时，禁止在已竣工交付使用的居民住宅楼内进行产生噪声的装修作业。

有的地方可能还会更细致，规定了作业时间是 8：00~12：00，14：00~18：00，但是拆墙这种噪声污染大的项目则是：8：30~11：30，14：30~17：30。

除了有国家的法律和地方的法规，每个小区也会有自己的相应规定，因此在装修之前，一定要与小区物业管理人员确定好可以施工的时间段，避免引起不必要的纠纷。

## （四）装修完入住时间

（1）通风半年再入住。一般来说，普通装修后的新房，要通风半年才能入住！当然了，这个期限还是一定要保证有良好的通风基础上的！虽然通风有助于甲醛、苯等有害物质的释放，但是，甲醛的释放期在 5 年以上，有的长达 15 年，苯系物的释放期也有 6 个月到 1 年间，通风半年并不能使有害物质完全挥发，只不过是将其浓度降低到人体健康允许的范围之内。

（2）不同档次，不同对待。如果装修得较为豪华，设计造型、材料用量比较多，那么毫无疑问，还需要在此基础上增加通风时间！

（3）根据季节定时间。装修后的通风散味时间，也跟装修的季节有关系，如果是夏季装修，则挥发物散发得较快，相对而言，时间可以缩短一些，你就可以稍微提前一点入住了！而如果是冬季装修，时间则一定要相应延长！

# 第二章
▼
## 基础改造及水电施工

　　基础改造与水电施工属于隐蔽工程，后续施工会对其进行覆盖处理，并在上面做进一步的装饰，因此这部分施工是房屋装修的"底子"，好不好看无所谓，但是施工质量一定要优质，这部分质量一旦出现问题，都是需要拆除后再进行维修的，费时费力而且效果还未必好。在基础改造与水电施工过程中，房主与施工方可以参考下表进行。

| 序号 | 房主 | 施工方 |
|---|---|---|
| 1 | 与设计师沟通家居空间格局 | 根据设计图纸进行拆改 |
| 2 | 与物业确认可以拆改的项目 | 避免野蛮操作，影响后续施工 |
| 3 | 监督施工过程中的安全操作 | 拆改过程一定要安全操作 |
| 4 | 根据生活习惯提出水电安装需求 | 拆改过程中要提前封堵下水口 |
| 5 | 严格把控水电施工材料质量 | 与房主对水电定位进行现场交底 |
| 6 | 防止施工过程中破坏房屋结构 | 水电施工切忌破坏房屋主体结构 |
| 7 | 确认水电施工与材料费用计价方式 | 选择质量好的水电辅材 |
| 8 | 监督水电走线规范 | 水电施工按照"走顶不走地"的原则进行。顶不能走，考虑走墙，墙也不能走，才考虑走地 |
| 9 | 水电施工完后，向施工方索要水电图 | 水电施工完毕后，绘制精准的水电图留存 |
| 10 | 监督拆改后的建筑垃圾清理工作 | 建筑垃圾按照房主指定的地点清运干净 |

1. 掌握户型格局优化与空间拆改。

2. 学习水电改造布置要点。

3. 掌握水路施工。

4. 掌握电路施工。

# 一、户型改造

## （一）户型改造的原则

户型改造的原则就是"功能第一、形式第二"。从根本上来讲，户型改造的原则其实也很简单：在不改动房屋承重结构的基础上，增强空间功能性与舒适性的结合。比如，原有房屋的客厅小，卧室大，可以将卧室隔墙内缩，从而放大客厅面积；原有房屋的过道长而窄，可以通过改变原有功能空间的办法，将过道消除。

**TIPS**

**好户型标准**

（1）好户型要具备六大功能空间：客厅、餐厅、卫浴间、主卧、储藏室、学习区。

（2）好户型最好能同时满足以下三条动线：家务动线（如买菜后从入门到厨房的距离）；家里人动线（如各房间到卫生间的距离）；访客动线（客厅与主卧的距离，强调公共区域与私人区域互不干扰，也就是通常所谓的"动静分区"）。

（3）户型好的住宅采光口与地面比例不应小于1:7，小户型和中户型至少有一间是朝南的，大户型至少有两间是朝南的。

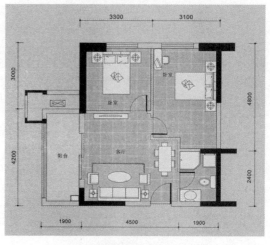

好的户型不浪费

需要进行改造的户型，大多是因为原有的户型不合理。有些户型设计本来就差，原有住房设计理念的落后导致户型分区不合理，比如客厅过小，卧室太大，在实际使用中会有诸多不便；有些户型虽然原本还不错，但不能满足住户的具体需要，这一点主要是因为居住个体的差异性所导致的。

户型改造应该以自己的需求和喜好为出发点，只有适合自己的才是最好的！所以，业主可以在改造前，自己动手在平面上规划一下户型的布置，看看哪些地方是可以通过增减、变换的方式来改变现有状况的。有条件的业主，最好能够请设计师参与到户型改造中来，毕竟专业的知识能够带给家居空间更为合理的效果。

## （二）户型改造优先顺序

### 1. 功能分区为首

对于诸如增加一个卧室或书房这样的要求，有时候是非常迫切并不可避免的。这个时候，空间的增加就必须放在第一位。

### 2. 采光改善在后

采光的改善是健康生活的最基本因素。一个人长期居住在密不透风、暗无天日的房子里面，再健康的人也会变成病人。

### 3. 风格优化最后

漂亮温馨的家居人人都喜欢，但必须结合现实情况。如果家居的功能性都不合理，再漂亮的风格也只是徒有其表而已，毕竟住宅仍旧是人们的基本生活要素，应该以功能为主，美化设计可以留在最后进行。

## （三）户型改造的限制

房屋的特殊性质决定了户型改造并不是随心所欲的，在对户型进行改造的过程中，会受到一些条件的限制，其中包括以下几个方面：

（1）建筑主体的柱体、承重墙的限制。

（2）原有管网的限制。最主要的是坐便器的排污口位置的限制。因为坐便器的排污口位置有着严格的要求，其中一点就是因为它多数是穿过楼板到楼下，而且排污管对于落差和角度都有着比普通排水管更高的要求。还有就是诸如排烟管这类管网对厨房位置的限制。

（3）层高的限制。有一些户型的改造，依赖于足够的层高提供落差，同时确保新的平面层高保持在合理的范围内。而一些低层高的户型，限制就非常明显了，如改动排污管等。

## （四）不同功能空间改造

户型的改造说白了，就是一个"拆东墙补西墙"的过程，但是要拆得合理，补得恰当，否则达不到良好的居住效果。

### 1. 客厅

客厅改造两个原则：一是独立性，二是空间效率。许多户型的客厅只是起到了"过厅"的角色，根本无法满足现代人们的生活要求。对这类情况，最好都要加以改造。如果是成员较多的家庭，客厅面积就要稍微大一些，大约是 $25m^2$；如果是家庭成员较少的年轻人，因为客厅的使用率不高，则可以相对小一些。无论哪种改变，客厅的独立性都必须具备，而且最好与卧室、卫浴间的分隔明显一些。

### 2. 卧室

卧室改造有两点：首先要注意面积的设计一般来说主卧室的宽度不应小于 3.6m，面积为 $14~17m^2$，次卧室的宽度不应小于 3m，面积为 $10~13m^2$。其次，应注意卧室的私密性，和客厅之间最好有空间过渡，直接朝向客厅开门也应避免对视。卧室与卫生间之间不应该设计成错层。

### 3. 厨房

根据住房与城乡建设部的住宅性能指标体系，3A 级住宅要求厨房面积不小于 $8m^2$，净宽不小于 2.1m，厨具的可操作面净长不小于 3m；2A 级指标分别为 $6m^2$、1.8m、2.7m，1A 级指标则分别是 $5m^2$、1.8m 和 2.4m。低层、多层住宅的厨房应有直接采光，中高层、高层住宅的厨房也应该有窗户。厨房应设排烟烟道，厨房的净宽度单排布置设备的，不应小于 1.5m，双排布置设备的，不应小于 2.1m。

对于目前国内一些政策性住房而言，其厨房都属于 1A 级，面积较小，但厨房四周的墙壁很多都属于承重墙，不能拆改。对此，厨房的空间改造要么可以选择改换厨房空间，要么在后期装修上多下功夫，比如利用镜面、选择更为简洁的现代家具等。现在比较流行的一种做法是将厨房改造成开放式或者半开放式，通过减少厨房的封闭性来达到增大空间感的效果。

### 4. 卫浴间

卫浴间应满足三个基本功能，即洗面化妆、沐浴和便溺，而且最好能做分离布置，这样可以避免冲突，其使用面积不宜小于 $4m^2$。从卫浴间的位置来说，单卫的户型应该注意和各个卧室尤其是与主卧的联系。双卫或多卫时，至少一个应设在公共使用方便的位置，但入口不宜对着入户门和起居室。

## （五）户型改造的注意事项

### 1. 千万不要拆承重墙

改造户型，必须确保改造环境是安全的。有的业主觉得门太小，就随意地将门洞拆除后改造，但一般门洞所在的墙都是承重墙，墙体内布有钢筋，如果在切割后只是进行简单的门套封闭，抛开承重的因素不考虑，就是裸露的钢筋也会因为直接接触空气而引起锈蚀，从而降低楼体的安全系数。

2. 少做无用功

改造户型，必须是合理的。很多时候，业主改造户型，都是基于有更合理的设计才去动手。如果新的方案比旧的更加不合理，那就是无用功了。例如，将一些操作频繁的厨房改为开放式的布局，做饭时的油烟将会对室内造成严重的污染。判断改造设计是否合理，很重要的一点就是看是否遵循了"功能第一，形式第二"的室内设计原则。如果户型改造能够带来新的功能或者能改善原有功能的话，相对而言就是合理的，反之就不合理，自然也就没有改造的必要了。

# （六）改造实例

（1）改变了一层客厅的布局，将餐厅挪到了楼梯一侧，原来的餐桌部分多加了一张沙发，可以容纳更多人，提高了空间的利用率。

（2）将卫浴间与厨房之间的隔墙去掉，改成磨砂玻璃隔墙，并采用推拉门，使用起来更为方便，不占空间，更显通透性。并加了一个小盆栽，能使厕所保持空气清新，去除异味。

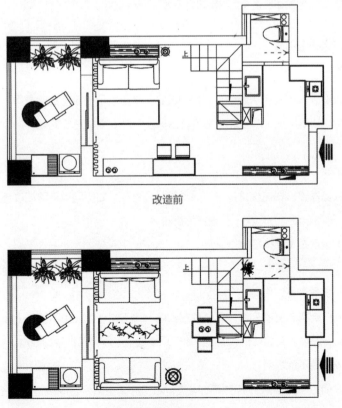

改造前

改造后

# 二、墙和门窗拆改

## （一）可以拆的墙

业主拿到新房的第一件事往往就是拆墙，因为很多房屋结构并不是根据购买者个人意愿进行建造的，所以在家庭装修中拆墙成了常见工序。但是拆墙是家庭装修中对结构损害最大的工序，稍不注意就容易造成安全隐患，因此要特别重视。

"只要是非承重墙就能拆"，在拆墙过程中，绝大多数业主都会听到工人师傅或者设计师说这样一句话，但事实并非如此。即使是非承重墙，厚一点，薄一点，在整个房间以及整栋楼中所起的作用都会有微妙的变化，有的非承重墙也承担着房屋的部分重量。

那什么墙能拆呢？在家居中只起到分隔空间作用的轻体墙、空心板是可以拆的。因为这些墙完全不承担任何压力，存在的价值就是分隔空间，拆了也不会对房屋的结构造成任何影响。

如果因为整体设计的需要，或者某处重要墙体确实十分妨碍日常生活，必须要拆除的，也不是完全不可以。国家有规定，要拆改承重墙的话，必须由原设计单位或者与原设计单位具有相同资质的设计单位给出修改和加固设计方案，方可对承重墙进行拆改。也就是说，拆除可以，但同时要做加固处理，而且是由专业人士给出设计方案，确保有效。

## （二）不能拆的墙

### 1. 承重墙不能拆

目前，绝大多数人都有了承重墙不能拆的概念，承重墙承担着楼盘的重量，维持着整个房屋结构的力的平衡。如果拆除了承重墙，那可就是涉及生命安全的严重问题，所以这个禁忌是绝对不能触碰的。

### 2. 家居中的梁、柱不能拆改

梁柱是用来支撑整栋楼结构重量的，是其屋核心骨架，如果随意拆除或改造就会影响到整栋楼的使用安全，非常危险，所以梁、柱绝不能拆改。

### 3. 墙体中的钢筋是不能破坏的

在拆改墙体时，如钢筋遭到破坏，就会影响到房屋结构的承受力，留下安全隐患。

### 4. 拆预制板墙看房屋结构

对于"砖混"结构的房屋来说，凡是预制板墙一律不能拆除，也不能在上面加门、加窗。特别是24cm及以上厚度的砖墙，一般这类都属于承重墙，不能轻易拆除和改造。

### 5. 阳台边的矮墙不能拆除

现在随着人们对于大自然生活空间的向往，对于房间与阳台之间设置的一堵矮墙非常讨厌，总想拆之而后快。一般来说，墙体上的门窗可以拆除，但该墙体不能拆，因为该墙体在结构上称之为"配重墙"。配重墙起着稳定外挑阳台的作用，如果拆除该墙，就会使阳台的承重力下降，严重的可能会导致阳台坍塌。

6. 嵌在混凝土结构中的门框最好不要拆除

因为这样的门框其实已经与混凝土结构合为一体，如果对其进行拆除或改造，就会破坏结构的安全性。同时，重新再安装一扇合适的门也是比较困难的事情，且肯定不如原有的牢固。

### 承重墙打孔

一般情况下，承重墙最好不要开孔，会破坏到房屋结构，尤其是有梁的承重墙，更是如此。

如果实在不得已，非要开孔的话，必须要避开"元宝"钢筋（墙内的主钢筋）。如果断了，会影响结构的安全！只要避开了墙内的主钢筋，在墙上开个小孔，在打孔前做好相应的处理和修补情况下，影响在可接受的范围之内。不过这种私自开孔是不允许的，必须通知相关的部门，如物业或者设计单位，经过有资质的单位首肯，才可以局部的做点"小动作"！

承重墙打孔要小心

## （三）拆墙面

对于一些开发商提供的房屋来说，由于其墙面的施工质量以及所用的材料并不是很好，有些甚至会出现空鼓、裂纹等现象，因此有些业主会将其拆除重做，即使是原墙面较好的也应该重新刷涂料或者贴壁纸进行装饰。

在装修中，墙面改造是一项很大的工程，由于墙面基底复杂，用材和工艺也不同，在进行墙面处理时也应该区别对待。但是，对于原有施工一般的房屋，拆除原墙体表面附着物是

拆墙面

装修中必须进行的一项工作，一般包括墙面原有乳胶漆和腻子层的铲除。在拆除墙面之前，一定要先确定房屋的结构和支撑柱的位置。

目前内墙装修中已经逐渐推广和使用了耐水腻子。不过，由于耐水腻子的价格较高，部分开发商会在这个环节上偷工减料，采用非耐水腻子，对于这样的墙面，业主最好选择拆除腻子层后，

重新刮防水腻子。如果原墙面采用的是耐水腻子，则可以不必完全铲除，用钢刷和砂纸打磨墙面后即可涂刷乳胶漆。需要注意的是，如果决定拆除墙面原有装修材料，则必须铲除至墙底，否则会影响后面墙面乳胶漆的施工质量和装修后的长期使用效果。墙面拆除的费用按照墙面面积以"$m^2$"计算。

## （四）拆墙现场经验

（1）拆除或部分拆除承重墙（结构）会给房屋带来不可恢复性的破坏。比如引起墙体、梁结构裂缝，地面开裂，进而导致厨房、卫生间防水层破坏，严重的会降低楼房使用年限，降低抵抗地震、风荷载的能力，甚至可能导致房屋坍塌。

拆墙

（2）有些业主为了扩大厨房，拆除了厨房与阳台之间的门窗，在拆除门窗的同时也部分拆除窗旁边的剪力墙（承重墙）。这样很有可能导致此部位的梁和顶板（楼上邻居的地板）开裂，漏水等。

（3）拆改中，在要贴瓷砖的位置，一定要把墙皮彻底刨掉，直到露出红砖为止，不然贴上的瓷砖不牢固，容易脱落。

（4）一定要提前跟周围邻居打好招呼，希望得到大家的支持，即使是这样，如果邻居家有老人在，中午最好暂停两个小时，因为老人通常都需要午休。

（5）拆旧过程中自然会产生很多垃圾，所以一定要提前想到垃圾的清理问题，找工人时就要谈好费用中是不是包括垃圾清理以及清运出小区，免得以后涉及这方面时还需付钱。

（6）砸墙过程中产生的砖，要是没有沾上水泥而且比较完整的话，就可以留下来砌墙时候再利用，这样既环保，还可以让工人省点力气，少背几块砖上楼，何乐而不为呢！

（7）一些不要的物件，包括管子、门之类的，可以卖给收废品的，方便处理。

## （五）拆改门窗

原有开发商提供的门窗形式与材料很多都不符合业主的喜好，因此，不少人在装修时都将原有的门窗进行拆除改造。不过门窗的拆改主要是针对房屋内部而言，很多楼盘从外部环境的考虑，都不会建议让业主对涉及外立面效果的门窗进行拆改，这个业主必须要提前了解清楚，否则不仅费时费力，而且最后还得恢复原貌。对于门窗的拆除改造，业主最好加以区别对待，不要上来就全部拆掉重做。

如果原有门窗无论从位置、形式、材料上自己都不满意，这种情况下，业主在装修时可以将其拆除后，重新安装新的门窗，以此来改善房屋的整体效果。如果原有门窗的功能布局、造型特点以及所用的材料都还不错，而且保护得也较好，则大可不必拆除重做，可以选择只对门窗进行重新涂刷等方法，改变其外观效果即可。相对而言，保留原有门窗结构，可以节约一笔相当可观的费用支出。

若门窗已经无法保留需要拆除重做，在拆除门窗时一定要注意保护好房屋的结构不被破坏。尤其是对于房屋外轮廓上的门窗，此类门窗所在的墙一般都属于承重墙结构，原来装修做门窗时，通常会在门窗洞上方做一些加固措施，以此来保证墙体的整体强度。在拆除此类门窗时，必须要谨慎仔细，不可大范围进行破坏拆除。否则一旦破坏了墙体的结构，会对房屋的安全性造成破坏，影响其使用寿命。

除此之外，有些户型不太合理的房屋，其空间结构中也往往有门窗，特别是门的布置比较多，有

窗户拆改

些门窗对房屋结构的安全性还比较重要。有些业主为了改造空间的结构，对于这样的门窗大多不愿意保留，因为它们会影响到房屋的整体布局和采光效果。对于此类门窗，可以拆除门和窗，但门洞和窗洞以及所在的墙体不能拆除。可以对其进行形式上的改造，比如将原本直角的门洞改造成半圆或者弧形的门洞，在原窗户的位置装上一个镂空展示架或者透明的玻璃等，都可以起到很好的视觉美化效果。门窗的拆改，必须是在保证房屋结构安全的基础上进行，不可以对起承重作用的墙体产生破坏。门窗拆除按门洞面积以"$m^2$"计算，而木门窗的拆除应按"座"来计算。

## （六）门窗改造现场经验

门窗改造首先是要注意安全。主要有两方面，一是人身安全；二是结构安全。门窗拆除时，一定要确保拆除工人及他人的安全，这一点绝对不能马虎。在拆除之前业主可以向施工队交代，并要求其做出承诺，必要的时候，应当以书面的形式确定下来，万一出现问题，也可以追究施工方的责任。

门窗拆除还会涉及房屋结构的安全问题。因为门窗所在的墙体大多都是房屋的承重结构，因此在拆除时不能破坏周围的结构，否则就会影响房屋的结构安全。有一个原则就是，宁肯破坏门窗，也不要破坏墙体的结构，如墙内的钢筋。有些业主不仅拆除原有门窗，甚至随意将门窗改大，

也不做相关的加固措施，这是不允许的。

其次，门窗改造还要注意新门窗质量的选择。门窗是家居最重要的组成部分之一，它们的质量以及安装是整个居室装修改造成败与否的关键之一。如果选用的门窗质量过关，安装又得当的话，居室的装修改造才算成功。否则，最终的装修质量就会大打折扣，还会引起很多后期的麻烦。

# 三、旧房拆改

## （一）旧房拆改重点改造项目

（1）一般旧房原有的水路管道大多布局不太合理或者已被腐蚀，所以应对水路管进行彻底检查。如果原有的管道是已被淘汰的镀锌管，在施工中必须将其全部更换为铜管、铝塑复合管或 PPR 管。

（2）旧房普遍存在电路分配简单、电线老化、违章布线等现象，已不能适应现代家庭的用电需求，所以在装修时必须彻底改造，重新布线。

旧房拆改

以前的电线多用铝线，建议更换为铜线，并且要使用 PVC 绝缘护线管。安装空调等大功率电器的线路要单独走线。简单来说，就是要重新布线。

（3）至于插座问题，一定要多加插座，因为旧房的插座达不到现代电器应用的数量，所以这是在旧房改造中必须要改动的。

（4）砸墙砖及地面砖时，避免碎片堵塞下水道；只有表层厚度达到 4mm 的实木地板、实木复合地板和竹地板才能进行翻新。此外，局部翻新还会造成地板间的新旧差异，因此业主不能盲目对地板进行翻新。

（5）门窗老化也是旧房中的一个突出问题，但如果材质坚固，并且款式也还不错，一般来说只要重新涂漆即可焕然一新。但是如果木门窗起皮、变形，就一定要换。此外，如果钢制门窗表面漆膜脱落、主体锈蚀或开裂，也应拆掉重做。

## （二）水电改造的必要性

（1）房屋中原有的水路管道往往有许多不合理的布局，在装修时一定要对原有的水路管道进行彻底检查，看其是否锈蚀、老化。如果原有的管道使用的是已被淘汰的镀锌管，在施工中必须将其全部更换为铜管、铝塑复合管或 PPR 管。

（2）由于目前一些开发商对于房屋的初装不够重视，普遍存在电路分配简单、电线质量不高、违章布线等现象，完全不能满足现代家庭的用电需求，对于这样的情况，在装修时必须彻底改造，重新布线。

（3）如果发现原有线路使用的是铝质电线，则必须将其全部更换成 2.5mm² 截面的铜质电线。而对于安装空调等大功率电器的线路，则应单独设置一条 4mm² 截面的线路，并且必须在埋线时使用 PVC 绝缘护线管。

水电施工现场图

（4）此外，国家标准规定，民用住宅中固定插座数量不应少于 12 个，但目前仍有不少的开发商提供的插座数量达不到这个标准。如果大量使用移动插座，当电流负荷增大时，移动插座就会因接触不良而产生异常的高温，为触电和电器火灾事故埋下隐患。

## （三）旧房水路改造

（1）旧房水路改造特别是镀锌管，在设计时应考虑将其完全更换成新型管材。

（2）如更换总阀门需要临时停水 1 小时左右，应提前联系相关单位征得同意并错开做饭高峰期。

（3）排水管特别是铁管要改成 PVC 水管，一方面要做好金属管与 PVC 管连接处处理，防止漏水，另一方面排水管属于无压水管，必须保证排水畅通。

## （四）旧房电路改造

（1）要注意旧房配电系统设置的改造。

例如，某电表为 5（20）A 的典型旧房，在进行电路改造时，可以参考以下配置（二室一厅一厨一卫）：

1）总开：20~25A 双极断路器。

2）照明：10A 单极断路器。

3）居室普通插座：16A 带漏保空开。

4）厨房插座：同普通插座。

5）卫浴插座：同普通插座，如卫浴无大

电路改造

型电器可考虑与厨房合并回路。

6）空调插座：16A 单极断路器 2 路。

本配置因家庭使用电器情况不同会有调整，可供参考。

（2）旧房不宜采用即热型热水器或特大功率的中央空调、烤箱等电器。如需购买相关电器需在水电设计时说明情况，避免电流严重过载影响正常使用。

（3）旧房弱电（网络电话电视）改造往往是颠覆性的，需要重新布线。

# 四、水路施工

1. 确认施工条件

（1）确认已收房验收完毕。

（2）到物业办理装修手续。

（3）在空房内模拟一下今后的日常生活状态，与施工方确定基本装修方案，确定墙体有无变动，家具和电器摆放的位置。

（4）确认楼上住户卫生间已做过闭水实验。

（5）确定橱柜安装方案中清洗池上下出水口位置。

（6）确定卫生间面盆、坐便器、淋浴区（包括花洒）和洗衣机位置，是否安放浴缸和墩布池，提前确定浴缸和坐便器的规格。

2. 准备施工材料

目前，水路施工中，一般都采用 PPR 管代替原有过时的管材，如铸铁、PVC 管等。铸铁管由于会引发锈蚀问题，因此，使用一段时间后，容易影响水质，同时管材也容易因锈蚀而损坏。PVC 管这一材料的化学名称是聚氯乙烯，其中含氯的成分，对健康也不好，PVC 管现在已经被明令禁止作为给水管使用，尤其是热水管更不能使用。如果原有水路采用的是 PVC 管，就应该全部更换。

PPR 管

PVC 管

3. 施工流程

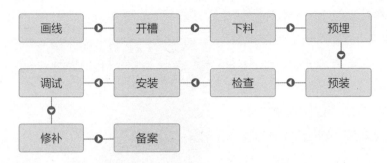

4. 施工重点

（1）开槽。在墙壁面标出穿墙设置的中心位置，用十字线记在墙面上，用冲击钻打洞孔，洞孔中心与穿墙管道中心线相吻合。用专用切割机按线路割开槽面，再用电锤开槽。需要提醒的是，有的承重墙内的钢筋较多较粗，不能把钢筋切断，以免影响房体结构安全，只能开浅槽或走明管，或者绕走其他墙面。

（2）调试。施工完了，最重要的一步就是调试，也就是通过打压试验，如果没有出现问题，那么水路施工就算完成了。

（3）备案。完成水路布线图，备案以便日后维修使用。

5. 水路现场施工

水路施工质量的好坏对日后的生活影响非常大，因此，业主在整个施工过程中，都应该加倍注意，不要因为施工过程中的疏忽而影响到日后的生活质量。

（1）水路施工最好签订正规合同。业主在施工前就应该与施工方签订施工合同，在合同中注明修改责任，赔偿损失的责任，还有保修期限。合同是业主维护自己权益的最好凭证。在施工完工后一定要及时索要水路布线图，以便于后期的装饰装修以及维修。

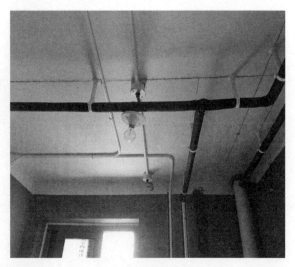

给水管顶面安装

（2）水工进场时，要检查原房屋是否有裂缝，各处水管及接头是否有渗漏；检查卫浴设备及其功能是否齐全，设计是否合理，酌情修改方案；做 48 小时蓄水实验；业主应在检查的结果上签字。

（3）根据管路施工设计要求，将穿墙孔洞的中心位置用十字线标记在墙面上，用冲击钻打洞孔，洞孔中心线应与穿墙管道中心线吻合，洞孔应顺直无偏差。

（4）使用符合国家标准的后壁热镀管材、PPR 管或铝塑管，（压力 2.0MPa 管壁厚 3.2mm，使用 φ0.5），并按功能要求施工，PPR 管材连接方式的焊接，PVC管为胶接；管道安装横平竖直，布局合理、地面高度 350mm 便于拆装、维修；管道接口螺纹在 8 牙以上，进管必须 5 牙以上，冷水管道生料带 6 圈以上，热水管道必须采用铅油、油麻，不得反方向回纹。

冷热水管开槽

（5）安装前应先清理管内，使其内部清洁无杂物。安装时，应注意接口质量，同时找准各甩头管件的位置与朝向，以确保安装后连接各用水设备的位置正确。管线安装完毕，应清理管路。

（6）水路走线开槽应该保证暗埋的管子在墙内、地面内装修后不应外露。开槽应注意要大于管径 20mm，管道试压合格后墙槽应用 1：3 水泥砂浆填补密实，其厚度应符合下列要求：墙内冷水管不小于 10mm、热水管不小于15mm，嵌入地面的管道不小于 10mm。嵌入墙体、地面或暗敷的管道应做隐蔽工程验收。

（7）管道暗敷在地平面层内或吊顶内，均应在试压合格后做好隐蔽工程验收记录工作。试压前应关闭水表的闸阀，避免打压时损伤水表，将试压管道末端封堵缓慢注水，同时将管道内气体排出。充满水后进行密封检查。

（8）管道敷设应横平竖直，管卡位置及管道坡度均应符合规范要求。各类阀门安装位置应正确且平正，便于使用和维修，并做到整齐美观。住宅室内明装给水管道的管径一般都在 15~20mm 之间。根据规定，管径 20mm 及以下给水管道固定管卡

水路开槽布管

设置的位置应在转角、小水表、水龙头或者三角阀及管道终端的 100mm 处。

（9）给卫浴间花洒龙头留的冷热水接
口，安装水管时一定要调正角度，最好把
花洒提前买好，试装一下。尤其应注意在
贴瓷砖前把花洒先简单拧上，贴好砖以后
再拿掉，到最后再安装。防止出现贴砖时
已经把水管接口固定了，结果会因为角度
问题装不上而刨砖。

阀门安装

（10）给坐便器留的进水接口，位置一
定要和坐便器水箱离地面的高度适配，如
果留高了，到最后装坐便器时就有可能有
冲突。

（11）洗手盆处，要是安装柱盆，应注意冷热水出口的距离不要太宽，否则装了柱盆，柱盆的
那个柱的宽度遮不住冷热水管，从柱盆的正面看，能看到两侧有水管，显得不太美观。

（12）卫生间除了给洗衣机留好出水龙头外，最好还能留一个龙头接口，这样以后想接点水浇
花什么的都很方便。这个问题也可以通过购买带有出水龙头的花洒来解决。

### 卫生间水管安装要求

（1）安装前检查水管及连接配件的质量。

（2）最好设置一个总阀。

（3）冷热水管要分开，不要靠得太近，淋浴水管高
度在 1.8~2.1m。

（4）水管走顶不走地，出水口要水平，一般都是左
热右凉，布局走向要横平竖直。

（5）各类阀门安装位置一定得便于使用和维修。

（6）水管要入墙，开槽的深度要够，冷水管和热水
管不能在一个槽里。

卫生间排水管固定

（7）热水器进水的阀门和进气的阀门一定要布置好。

（8）埋入墙体内和地面的管道，尽量不要用连接配件，以防渗漏。

（9）淋浴混水阀的左右位置要正确，连杆式淋浴器要根据房高并且结合个人需要来确定出水口位置。

（10）坐便器的进水口尽量安置在能被坐便器挡住视线的地方。

（11）墙面预留口（弯头）的高度要适当，既要方便维修，又要尽可能少让软管暴露在外面。

（12）水管装完后一定要做管道压力实验。

6. 水路施工常见问题

（1）给水系统安装前，必须检查水管、配件是否有破损、砂眼等；管与配件的连接，必须正确，且加固。给水排水系统布局要合理，尽量避免交叉，严禁斜走。水路应与电路距离 500~1000mm。燃气式热水的水管出口和淋浴龙头的高度要根据燃具具体要求而定。

（2）在安装 PPR 管时，热熔接头的温度必须达到 250~400℃，接熔后接口必须无缝隙、平滑、接口方正。安装 PVC 下水管时要注意放坡，保证下水畅通，无渗漏、倒流现象。当坐便器的排水孔要移位，要考虑抬高高度至少要有 200mm。坐便器的给水管必须采用 6 分管（20~25 铝塑管）以保证冲水压力，其他给水采用 4 分管（16~20 铝塑管）；排水要直接到主水管里，严禁用 φ50 以下的排水管。不得冷、热水管配件混用。

（3）明装管道单根冷水管道距墙表面应为 15~20mm，冷热水管安装应左热右冷，平行间距应不小于 200mm。明装热水管穿墙体时应设置套管，套管两端应与墙面持平。

（4）管接口与设备受水口位置应正确。对管道固定管卡应进行防腐处理并安装牢固，墙体为多也砖墙时，应凿孔并填实水泥砂浆后再进行固定件的安装。当墙体为轻质隔墙时，应在墙体内设置埋件，后置埋件应与墙体连接牢固。

（5）安装 PVC 管应注意，管材与管件连接端面必须清洁、干燥、无油。去除毛边和毛刺；管道安装时必须按不同管径的要求设置管卡或吊架，位置应正确，埋设要平整，管卡与管道接触应紧密，但不得损伤管道表面；采用金属管卡或吊架时，金属管卡与管道之间采用塑料带或橡胶等软物隔垫。

（6）安装后一定要进行增压测试，各种材质的给水管道系统，试验压力均为工作压力的 1.5 倍。在测试中不得有漏水现象，并不得超过容许的压力峰值。

（7）没有加压条件下的测试办法可以关闭水管总阀（即水表前面的水管开关），打开房间里面的水龙头 20 分钟，确保没水再滴后关闭所有的水龙头；关闭坐便器水箱和洗衣机等具蓄水功能的设备进水开关；打开总阀后 20 分钟查看水表是否走动，如果有走动，即为漏水了。如果没有走动，即为没有渗漏。

打压测试

# 五、电路施工

## 1. 设计布置

（1）弱电宜采用屏蔽线缆，二次装修线路布置也需要重新开槽布线，大多强弱电只能从地面走管，而且强弱电管交叉、近距离并行等情况很常见。

（2）电路走线设计原则把握"两端间最短距离走线"原则，不故意绕线，保持相对程度上的"活线"。

（3）原则上如果开发商提供的强电电管是 PVC 管，二次电路改造时宜采用 PVC 管，不宜采用 JDG 管（套接紧定式镀锌钢导管），否则很难实现整体接地连接，从而留下隐患。如果原开发商提供的强电电管本身就是 JDG 管，则两种管材均可使用。

电线管固定安装

（4）电路设计需要把握自己要求的电路改造设计方案与实际电路系统是否匹配的问题，如新住宅楼如果用到即热型电热水器、中央空调和其他功率特别大的电器，需要考虑从配电箱新配一路线供使用。

（5）厨房电路设计需要橱柜设计图纸配合加上安全性评估成案。

（6）电路设计时一定要掌握厨房、卫生间及其他功能间的家具、电器设备尺寸及特点，才能对电路改造方案做出准确定位。

## 2. 准备施工材料

凡是隐蔽工程，其材料一定不能马虎。由于这些部位施工完成后，必须覆盖起来，如果出现问题，无论是检查还是更换都非常麻烦。况且，水电等施工工程都是属于房屋施工中的重点工程，电路施工所用的材料更是不能随便安排。电路施工所涉及的材料主要有电线、穿线管、开关面板及插座等。

（1）电线。为了防火、维修及安全，最好选用有长城标志的"国标"塑料或橡胶绝缘保护层的单股铜芯电线，线材槽截面积一般是：照明用线选用 1.5mm²，插座用线选用 2.5mm²，空调用线不得小于 4mm²，接地线选用绿黄双色线，接开关线（火线）可以用红、白、黑、紫等任何一种，但颜色用途必须一致。

（2）穿线管。电路施工涉及空间的定位，所以还要开槽，会使用到穿线管。严禁将导线直接埋入抹灰层，导线在线管中严禁有接头，同时对使用的线管（PVC 阻燃管）进行严格检查，其管壁表面应光滑，壁厚要求达到手指用力捏不破的强度，而且应有合格证书。也可以用符合国标的专用镀锌管做穿线管。国家标准规定应使用管壁厚度为 1.2mm 的电线管，要求管中电线的总截面积不能超过塑料管内截面积的 40%。例如：直径 20mm 的 PVC 电管只能穿 1.5mm² 导线 5 根，2.5mm² 导线 4 根。

（3）开关面板和插座。面板的尺寸应与预埋的接线盒的尺寸一致；表面光洁、品牌标志明显，有防伪标志和国家电工安全认证的长城标志；开关开启时手感灵活，插座稳固，铜片要有一定的厚度；面板的材料应有阻燃性和坚固性；开关高度一般为 1200~1350mm，距离门框门沿为 150~200mm，插座高度一般为 200~300mm。

3. 施工流程

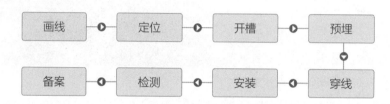

4. 施工重点

（1）预埋：埋设暗盒及敷设 PVC 电线管，线管接处用直接，弯处直接弯 90°。

（2）穿线：单股线穿入 PVC 管，要用分色线，接线为左零、右火、上接地。

（3）检测：通电检测，检查电路是否通顺，如果要检测弱电有无问题，可直接用万用表检测是否通路。

5. 电路现场施工

（1）所有电线必须都套管。否则时间长了这些线路一旦老化很可能漏电，如果换线，又必须要拆墙、木地板等，非常麻烦。

（2）所有线路都必须为活线，接电线时要注意，不得随便到处引线。

（3）强、弱电线不得在同一管内敷设，不得进同一接线盒，间距在 30cm 以上。

（4）电工管线铺完后，在没封槽之前，应该要求工人画出走线图。

（5）为了省电，要精确规划

强电穿线管拉线

平时微弱耗电电器（如电视、DVD机、微波炉、空调等）的插座。不拔插头都处于待机状态的电器最好装有开关的插座面板，因为待机所耗的电在普通电表里读不出来，但分时电表会读出来。

（6）穿好线管后要把线槽里的管道封闭起来，用水泥砂浆把线盒等封装牢固，其合口要略低于墙面0.5cm左右，并保持端正。

（7）电线的接头处一定要刷锡，有的工人把线一接好，缠上绝缘胶布就放在盒子里了。其实正规的走线步骤是：线头的对接要缠7圈半，然后刷锡、缠防水胶布、再缠绝缘胶布才可以。现在好多工人都是缠上绝缘胶布就算了，有的甚至连绝缘胶布都不用，而是用防水胶布一缠了事。

（8）走道里最好设计一个双控灯，这头打开，那头关闭，餐厅灯要考虑餐桌摆放的位置，否则灯不在餐桌正中影响照明，小的射灯一定要装变压器。

（9）电路施工结束后，应分别对每一回路的火与零、火与地、地与零之间进行绝缘电阻测试，绝缘电阻值应不小于0.5MΩ，如有多个回路在同一管内敷设，则同一管内线与线之间必须进行绝缘测试。绝缘测试后应对各用电点（灯、插座）进行通电试验。最后在各回路的最远点进行漏电保护器试跳试验。

（10）所有电路改造完成后，别忘了索要电路图。这可是非常重要的一个环节，多年以后家里想要更新线路或者说想升级，如果没有电路图的话，再专业的人员也难以做到。

### 电路施工巧省钱

（1）能走直线的地方就不要拐弯，电路还好，水路拐弯必须装那种拐角的管子，很贵。

（2）能走明线的地方尽量不走暗线，开槽也是一笔不小的费用。

（3）能明暗结合的地方尽量不走暗线，即能走明线也能走暗线的地方要算一算哪个更便宜。

（4）弱电改造能利用现有管路的地方决不重新走线。

（5）双控的开关有必要的位置可以装，但是装太多，预算一定超支。

6. 电路施工常见问题

（1）设计布线时，执行强电走上、弱电在下、横平竖直、避免交叉、美观实用的原则。

（2）强、弱电穿管走线的时候不能交叉，要分开，强、弱电插座保持50cm以上距离。一定要穿管走线，切不可在墙上或地下开槽后明铺电线之后，用水泥封堵了事，给以后的故障检修带来麻烦。另外，穿管走线时电视线和电话线应与电力线分开，以免发生漏电伤人毁物甚至着火的事故。

（3）电线应选用铜质绝缘电线或铜质塑料绝缘护套线，保险丝要使用铅丝，严禁使用铅芯电线或使用铜丝做保险丝。施工时要使用三种不同颜色外皮的塑质铜芯导线，以便区分火线、零线和接地保护线，切记不可图省事用一种或两种颜色的电线完成整个工程。

（4）电源线配线时，所用导线截面积应满足用电设备的最大输出功率。一般情况，照明截面为 1.5mm²，空调挂机及插座 2.5mm²，柜机截面为 4.0mm²，进户线截面为 10.0mm²。

（5）安装漏电保护器要绝对正确，诸如输入端、相线、零线不可接反。

（6）暗线敷设必须配阻燃 PVC 管。当管线长度超过 15m 或有两个直角弯时，应增设拉线盒。顶棚上的灯具位设拉线盒固定。

（7）电源线与通信线不得穿入同一根管内。

（8）电源线及插座与电视线及插座的水平间距不应小于 500mm。

（9）电线与暖气、热水、燃气管之间的平行距离不应小于 300mm，交叉距离不应小于 100mm。

（10）当吊灯自重在 3 千克及以上时，应先在顶板上安装后置埋件，然后将灯具固定在后置埋件上。严禁安装在木楔、木砖上。

（11）电源插座底边距地宜为 300mm，平开关板底边距地宜为 1300mm，挂壁空调插座的高度 2000mm，脱排插座高 2100mm，厨房插座高 950mm，挂式消毒柜 1900mm，洗衣机 1000mm，电视机 650mm。

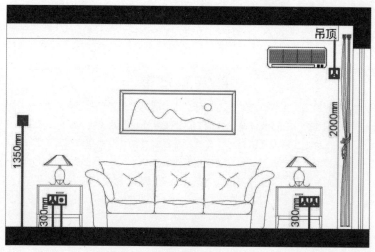

客厅插座高度

（12）同一室内的电源、电话、电视等插座面板应在同一水平标高上，高差应小于 5mm。

（13）为防止儿童触电、用手指触摸或金属物插捅电源的孔眼，一定要选用带有保险挡片的安全插座；电冰箱、抽油烟机应使用独立的、带有保护接地的三眼插座；卫生间比较潮湿，不宜安装普通型插座。

（14）安装开关、面板、插座及灯具时应注意清洁，宜安排在最后一遍涂乳胶漆之前。

# 六、开关、插座、灯具安装

## （一）开关、插座安装

### 1. 施工流程

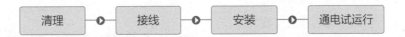

清理 ➡ 接线 ➡ 安装 ➡ 通电试运行

### 2. 施工重点

（1）开关的安装宜在灯具安装后，开关必须串联在火线上；在潮湿场所应用密封或保护式插座；面板垂直度允许偏差不大于1mm；成排安装的面板之间的缝隙不大于1mm。

（2）凡插座必须是面对面板方向左接零线，右接火线，三孔上端接地线，并且盒内不允许有裸露铜线，三相插座，保护线接上端。

（3）开关安装后应方便使用，同一室内同一平面开关必须安排在同一水平线上并按最常用的顺序排列。

（4）开关插座后面的线宜理顺并做成波浪状置于底盒内。

开关接线

（5）开关、插座面板上的接线采用插入压接方式，导线端剥去10mm绝缘层，插入接线端子孔用螺栓压紧，如端子孔较大或螺栓稍短导线不能被压紧，可将线头剥掉些，折回成双线插入。

（6）开关要装在火线上。在一块面板上有多个开关时，各个开关要分别接线，各开关上的导线要单独穿管，有几个开关就应有几根进线管接在接线盒上。把开关向上扳时为开灯。

强电插座接线安装

跷板开关安装时有红点的朝上，注意不要装反，按跷板下半部为开。

（7）在一块面板上的多个插座，有些是一体化的，只有三个接线端子，各个插座内部接线已经用边片接好；有些插座是分体的，需要用短线把各个插座并联起来。插座内火线、零线和地线要按规定位置连接，不能接错。

（8）安装面板时，将接好的导线及接线盒内的导线接头，在盒内盘好压紧，把面板扣在接线盒上，用螺钉将面板固定在盒上。固定时要注意面板应平整，不能歪斜，扣在墙面上要严密，不能有缝隙。用螺钉把下层面板固定好后，再把装饰面盖上。

3.开关、插座现场施工注意事项

（1）开关、插座的面板不平整，与建筑物表面之间有缝隙，应调整面板后再拧紧固定螺钉，使其紧贴建筑物表面。

（2）开关未断火线，插座的火线、零线及地线压接混乱，应按要求进行改正。

（3）多灯房间开关与控制灯具顺序不对应。在接线时应仔细分清各路灯具的导线，依次压接，并保证开关方向一致。

都没有插座了

插座要多预留几个

（4）固定面板的螺钉不统一（有一字和十字螺钉）。为了美观，应选用统一的螺钉。

（5）同一房间的开关、插座的安装高度差超出允许偏差范围，应及时更正。

（6）铁管进盒护口脱落或遗漏。安装开关、插座接线时，应注意把护口带好。

（7）开关、插座面板已经上好，但盒子过深（大于2.5cm），未加套盒处理，应及时补上。

（8）开关、插销箱内拱头接线，应改为鸡爪接导线总头，再分支导线接各开关或插座端头。或者采用LC安全型压线帽压接总头后，再分支进行导线连接。

**插座、开关高度**

（1）在家庭装修中，所有房间的各种插座要保持在同一水平线，一般距地面30 cm。开关应安装在进屋最容易发现的位置，高度在1.5~1.7m，而且所有房间的开关也应保持在同一水平高度。

（2）床头柜插座安装除了要美观，还要使用方便。插座一般都高于床头柜，在床头柜上方5~10cm处，这样的话使用起来比较方便。床头柜插座应该做到墙面里面，做带安全开关的插座，这样就比较安全了。

# （二）灯具安装

1.灯具现场安装要求

（1）在所有灯具安装前，应先检查验收灯具，查看配件是否齐全，有玻璃的灯具玻璃是否破碎，预先说明各个灯的具体安装位置，并注明于包装盒上。

安装吊顶射灯

（2）采用钢管做灯具吊杆时，钢管内径不应小于10mm，管壁厚度不应小于1.5mm。

（3）同一室内或同一场所成排安装的灯具，应先定位，后安装，其中心偏差不大于2mm。

（4）灯具组装必须合理、牢固，导线接头必须牢固、平整。有玻璃的灯具，固定其玻璃时，接触玻璃处须用橡皮垫子，且螺钉不能拧得过紧。

（5）灯具重量大于3kg时，应采用预埋吊钩或从屋顶用膨胀螺栓直接固定支吊架安装（不能用龙骨支架安装灯具）。从灯头箱盒引出的导线应用软管保护至灯位，防止导线裸露在平顶内。

2. 安装流程

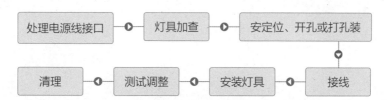

处理电源线接口 → 灯具加查 → 安定位、开孔或打孔装 → 接线 → 安装灯具 → 测试调整 → 清理

3. 集成吊顶灯安装

集成吊顶是金属方板与电器的组合，分取暖模块、照明模块、换气模块。具有安装简单，布置灵活，维修方便，成为卫生间、厨房吊顶的主流。

（1）精确测量安装面积，做好安装准备。

（2）卫生间出气孔需安装前打好，挂窗帘盒的地方需要提前挂好，油烟机的管道需预埋，确定油烟机的开孔位置，有电热水器的业主需提前装好。

（3）安装收边线。

（4）打膨胀螺栓钉，悬挂吊杆。务必采用8个的吊杆才能保证整体的牢固性。

（5）安装吊钩，吊顶装轻钢龙骨、三角龙骨。

（6）将扣板压入三角龙骨缝中，确定互相垂直，要保证横竖一条线。

（7）安装电器。安装电器完毕后如有电源的话，要现场实验。

（8）玻璃胶封边，整体调校。

### 4. 吊顶灯槽尺寸

其实灯槽的作用就是把灯带隐蔽起来，让吊顶显得更有立体感。从美观的角度来讲做个灯槽要好一些，不过，从实用的角度来讲确实也没有太大的作用。

灯槽尺寸往往都是结合层高和吊顶来考虑，一般都是高做个15~18cm，深度做20cm左右。有的可能高就8~9cm，深也只有十几厘米，只要放得下灯，也是可以的。有的地方习惯反过来做，也完全没有问题。

灯槽装饰效果

TIPS

**射灯距离**

家里的射灯一般用来作为局部重点照明，每个射灯之间的距离控制在90cm或者1m左右就差不多了。

射灯安装一般情况下都是一个线头装一条轨道，然后根据轨道长度再决定射灯的数量。直接把轨道接上电固定到墙上，再把射灯直接卡进去，两边的卡子绊一下固定住就可以了。

5. 浴霸安装

（1）留线（电线）。① 一般灯暖型浴要求 4 组线（灯暖两组、换气 1 组、照明 1 组）由 5 根电线（顶上面是 1 根零线 4 根控制火线，下面开关处是 1 根进火线，4 根控制出火线）；② 风暖型浴霸（PTC 陶瓷发热片取暖）要求用 5 组线，（照明 1 组、换气 1 组、PTC 发热片 2 组、内循环吹风机 负离子 1 组）。

（2）出风口。换气扇需要一个风口才能将室内空气吸出。出风口的直径一般为 10cm，一般要在吊顶前就开好。

（3）安装口的预留。一般浴霸开孔为 300mm×300mm,也有浴霸开孔为 300mm×400mm 左右的。根据不同的扣板对预留安装口的要求和方法有一些区别。

1）300mm×300mm 或是 300mm×600mm 的铝扣板吊顶：留一片 300mm×300mm 的扣板的位置不安装就可以。

2）条形铝条板，最好是在安装扣板的时候确认浴霸的开孔大小，在安装扣板的时候就留好安装孔，在吊上准备两根大于吊顶主龙骨跨度的较结实的木条，做安装浴霸之用。

3）塑钢扣板，基本同上。

4）防水石膏板吊顶和桑拿板吊顶，因要确认龙骨的位置，也请在安装扣板的时候确定浴霸安装开孔尺寸预留。

6. 浴霸开关接线

浴霸一般来说是有三个开关的，其中两个是控制取暖灯，还一个是控制照明灯。从外观上检查是无法保证开关接线的正确与否，弄不好就会烧线路，所以为了安全省心一点，需要将它打开。另外，不同品牌的浴霸开关接线是不一样的，有些品牌在浴霸开关接线时最好将灯取下后才能拆开。如果浴霸接线错误的话一般会出现以下一些问题，一打开就是照明模块，并且取暖模块，排风模块也会一起开。

一般来说，浴霸开关接线的供电线路有 3 条。

（1）地线，黄绿相间的那条，在插座上卫浴上方，接在浴霸的外壳。

（2）零线，大多数情况是蓝色或者黑色，在插座上卫浴下左方，连通接在了 5 个灯头的螺口接柱上。

（3）火线，大多数情况下是红色，在插座上位于下右方，连通接在三个开关的一个接柱上。

## （三）电线接头处理

有些电工在安装插座、开关和灯具时，不按施工要求接线，把接头接到墙内或管内，这样如果以后这条线因接头接处不良或是电流过大时烧坏接头，维修就会很麻烦。尤其在业主

使用一些耗电量较大的热水器、空调
等电器时，造成开关、插座发热甚至
烧毁，给业主带来很大的损失。一般
来说，在家装中是不应有接头的，特
别是在线管内更不能有接头，如果有
接头也应该是在电线盒内，这样才能
保证电线接头不发生打火、短路和
接触不良的现象。

插座暗盒内接线

**电箱安装**

　　家居的强电箱一般在房屋的建筑设计中就已经布置好，在装修时可能在各个位置加设插座等，主要的是控制回路，可以让电工处理好强电箱内的控制并标好标签，一旦有问题时可以知道如何进行维修。而对于弱电箱而言，目前的设计中一般在复式、跃层等的套型面积较大的房子才会用上，户型面积不大的家庭装修基本上用不上弱电箱。此外，弱电中的电视、电话、宽带等都是末端设置，基本上是每个房间都有一个弱电插座，可以装修过程中不安装。

# 第三章

▼

# 装修瓦工现场施工

　　瓦工在水电装修施工完成后进场，既有砌筑、抹灰、防水等这样的"隐蔽"工程，也有铺贴瓷砖这类的"面子工程"，是家庭装修中湿作业最多的一个环节，大多数施工项目存在不可逆等因素。瓦工施工要牢记"横平竖直、线面整齐"这几个字。房主和施工方可以参照下表进行质量把控。

| 序号 | 房主 | 施工方 |
|---|---|---|
| 1 | 现场验收主材数量 | 水泥砂浆搅拌应定点施工 |
| 2 | 检查新砌墙体厚度，是否平直 | 砌筑用水平仪进行测量，保证横平竖直 |
| 3 | 监督新砌墙体是否有放拉结筋 | 每隔 50cm 放拉结筋，超过 3m 做板带 |
| 4 | 监督墙体砌筑时，是否有顺槎现象 | 新砌墙体顶端必须用小砖斜砌 |
| 5 | 监督抹灰是否有挂网，表面是否平整 | 墙体抹灰必须挂网，抹灰面要搓毛 |
| 6 | 检查卫生间及厨房的防水涂刷高度 | 防水涂刷高度：淋浴房 1800mm，洗手盆 1200mm，其余位置为 300mm |
| 7 | 防水测验前，应先通知楼下业主 | 厨房防水应围绕洗菜槽与地漏的区域涂刷 |
| 8 | 防水试验完毕向楼下邻居询问是否有渗漏 | 防水测验需满 24 小时，注水高度不低于 150mm |
| 9 | 不同瓷砖的铺贴空间，向工人交代清楚 | 铺贴瓷砖提前做预排，尽可能节省材料 |
| 10 | 瓷砖如果有拼花需求，提前交代给工人 | 地砖铺设从一侧墙角，向四周展开 |
| 11 | 检查墙地砖粘贴质量 | 墙砖粘贴先拉线，再从下向上粘贴，缝隙处安插垫纸，预留伸缩缝 |
| 12 | 监督工人是否存在材料浪费问题 | 墙砖阳角处需切割 45° 角或用阳角条 |
| 13 | 检查粘贴好的边角是否有掉瓷现象 | 瓷砖铺设完工后，需要做好成品保护 |

1. 学习与掌握砌墙与抹灰现场施工。

2. 学习与掌握防水现场施工。

3. 学习与掌握包立管现场施工。

4. 学习与掌握现场铺贴施工。

5. 学习与掌握地暖现场施工。

6. 了解现场卫浴洁具的安装。

# 一、砌筑施工

## （一）砖墙砌筑

### 1. 准备施工材料

目前，国家严格限制普通黏土砖的使用，而且家居装修中隔墙都是非承重墙，通常情况下，砖砌隔墙采用空心和多孔砖（砌块）较为适宜。

（1）黏土砖隔墙：这种隔墙是用普通黏土砖、黏土空心砖顺砌或侧砌而成。因墙体较薄，稳定性差，因此需要加固。对顺砌隔墙，若高度超过 3m，长度超过 5m，通常每隔 5~7 皮砖，在纵横墙交接处的砖缝中放置两根 φ4 的锚拉钢筋。在隔墙上部和楼板相接处，应用立砖斜砌。当墙上没门时，则要用预埋铁件或木砖将门框拉结牢固。

（2）砌块隔墙：又称为超轻混凝土隔断。它是用比普通黏土砖体积大、堆密度小的超轻混凝土砌块砌筑的。常见的有加气混凝土、泡沫混凝土、蒸养硅酸盐砌块、水泥炉渣砌块等。加固措施与砖隔墙相似。采用防潮性能差的砌块时，宜在墙下部先砌 3~5 皮砖厚墙基。

### 2. 现场施工要求

（1）施工前应用墨斗弹出统一的水平线，房间地面整体的纵横直角线，墙体垂直线。

（2）砖、水泥、沙子等材料应尽量分散堆放在施工时方便可取之处，避免二次搬运。绝对不能全部堆放在一个地方，同时水泥应做好防水防潮措施。黏土砖或者砌块必须提前浇水湿润，施工时将地面清扫干净。

（3）砌砖沙与水泥比例为 3：1，水泥强度等级不得低于 32.5 级，应尽量选用大小统一，方正有角的砖块，砂的含泥量不得高于 5%。

（4）卫生间及厨房必须倒地梁，倒地梁处必须清除原有的防水层，不能在原有的防水层或者砂浆层上直接砌筑。地梁的高度不得低于 15cm，宽度一般按照砖的宽度即可，倒地梁前应先冲洗地面，并用素水泥浆做结合处理。

（5）应拉线砌砖，保证每排砖缝统一水平、主体垂直，不得有漏缝砖，每天砌砖高度不得超过 2m。砌墙当天砖不能直接砌到顶，必须间隔 1~2 天，到顶后原顶白灰必须预先铲除后方可施工，最顶上一排砖必须按 45° 斜砌，并按照反向安装收口，墙壁面应保持整洁。

（6）新旧墙连接每砌 60cm 插入 φ6L 形钢筋，长度不得少于 40cm。钢筋入墙体或柱内须用植筋胶固定。新旧墙表面水平或直角连接必须用钢丝网加强防裂处理，两边宽度不得少于 15cm，并固定牢固。

（7）墙面粉刷前必须提前半天冲水湿透，必须设置垂直标筋，标筋间距不得大于 1.2m，上下不得大于 60cm。粉刷砂与水泥比例为 4：1，阴阳角应用钢板拉直角直线，表面用海绵抛光。新旧墙体交接处粉刷须"挂网"，宽 200mm 网径 10mm×10mm 沿新旧墙体各深入 100mm，用 1：3 砂浆粉刷，粉刷厚度不可超过 35mm。如果超过则必须用加强网，以避免空鼓脱落。

3. 施工流程

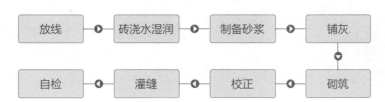

放线 → 砖浇水湿润 → 制备砂浆 → 铺灰

铺灰 ↓

自检 ← 灌缝 ← 校正 ← 砌筑

4. 施工重点

（1）砖浇水湿润：砖必须在砌筑前一天浇水湿润，一般以水浸入砖四边 1.5cm 为宜，含水率为 10%~15%，常温施工不得用干砖上墙；雨季不得使用含水率达到饱和状态的砖砌墙；冬期浇水有困难，则必须适当增大砂浆稠度。

（2）砌筑：砌砖宜采用一铲灰、一块砖、一挤揉的"三一"砌砖法，即满铺满挤操作法。砌砖一定要跟线，"上跟线、下跟棱，左右相邻要对平"。水平灰缝厚度和竖向灰缝宽度一般为 10mm，但不应小于 8mm 也不应大于 12mm。砌筑砂浆应随搅拌随使用，水泥砂浆必须在 3 小时内用完，水泥混合砂浆必须在 4 小时内用完，不得使用过夜砂浆。

黏土砖隔墙

## （二）玻璃砖墙砌筑

**1. 现场施工要求**

（1）玻璃砖墙宜以 1500mm 高为一个施工段，待下部施工阶段胶结材料达到设计要求后，再进行上部施工。

（2）当玻璃砖墙面积过大时，应增加支撑。玻璃砖墙的钢筋骨架应与结构牢固连接。基础高度不应大于 150mm，宽度应大于玻璃砖厚度 20mm 以上。玻璃砖分隔墙顶部和两端应用金属型材，其槽口宽度应大于砖厚度 10~18mm 以上。

（3）当隔断的长度或高度大于 1500mm 时，砖间应设 φ6~φ8 的钢筋增强。用钢筋增强的玻璃砖墙的高度不得超过 4000mm。

（4）分隔墙两端与金属型材两翼应留有宽度不小于 4mm 的滑动缝，缝内用油毡填充，分隔墙板与型材腹面应留有大于 10mm 的胀缝，以适应热胀冷缩。

（5）玻璃砖最上面一层砖应伸入顶部金属型材槽口 10~25mm，以免玻璃砖因受刚性挤压而破碎。玻璃砖之间接缝宜在 10~30mm 之间。

**2. 玻璃砖隔墙施工流程**

**3. 施工重点**

（1）踢脚台施工：踢脚台的结构构造如为混凝土，应将楼板凿毛、立模，洒水浇筑混凝土；如果为砖砌体，则按踢脚台的边线，砌筑砖踢脚；在踢脚台施工中，两端应与结构墙锚固并按设计要求的间距预埋防腐木砖。

（2）如采用框架，则应先做金属框架。每砌一层，按水平、垂直灰缝 10 mm，拉通线砌筑。在每一层中，将 2 根 φ6 的钢筋，放置在玻璃砖中心的两边，压入砂浆的中央，钢筋两端与边框电焊牢固。

（3）勾缝：先勾水平缝，再勾竖缝，勾缝深浅应一致，表面要平滑；如要求做平缝，可用抹缝的方法将其抹平。

（4）饰边：当玻璃砖墙没有外框时，需要进行饰边处理，有木饰边和不锈钢饰边等。

# 二、防水施工

## （一）防水施工要求

通常家居中卫浴室、厨房、阳台的地面和墙面，一楼住宅的所有地面和墙面，地下室的地面和所有墙面都应进行防水防潮处理。其中，重点是卫生间防水。

（1）地面防水，墙体上翻刷30cm高。

（2）淋浴区周围墙体上翻刷180cm或者直接刷到墙顶位置。

（3）有浴缸的位置上翻刷比浴缸高30cm。

（4）如果业主想要更保险，那么多刷点，有益无害！

防水施工

TIPS

**防水做高了影响贴砖吗？**

在装修施工中，防水做得高当然更好了，但是大多数工人都告诉业主，刷多了贴砖会不牢固，容易脱落等。工人师傅并不都是瞎说，做了防水，墙体与水泥砂浆之间就相当于隔了一层膜，贴砖肯定不如原墙面那么好贴了。到这里，很多业主就基本上放弃自己的坚持了，大概按照最低要求弄完就算了。其实，换个角度思考，在规定要求涂刷的那些地方，不一样要贴砖么，难道这里就等着瓷砖往下掉？这么一想，就明白了，其实不是不能贴，只是不如之前容易贴而已。通常还得在防水层上，再刷一遍界面剂，就是多了这么一道工序，工人自然就能省则省了。

## （二）刚性防水施工

### 1. 现场施工要求

（1）防水层施工的高度：建议卫生间墙面做到顶，地面满刷；厨房墙面1m高，最好到顶，地面满刷。

（2）住宅楼卫生间地面通常比室内地面低2~3cm，坐便器给排水管均穿过卫生间楼板，为了给水管维修方便，给水管须安装套管。

（3）造成地面渗水的原因大致为：混凝土基层不密实，墙面及立管四周黏结不紧密，材质问题造成的地面开裂，混凝土养护不好造成的收缩裂缝及坐便器与冲水管连接处出现的缝隙。

刚性防水

2.施工流程

3.施工重点

（1）基层处理：先用塑料袋之类的东西把排污管口包起来，扎紧，以防堵塞。对原有地面上的杂物清理干净。房间中的后埋管可以在穿楼板部位设置防水环，加强防水层的抗渗效果。施工前在基面上用净水浆扫浆一遍，特别是卫生间墙地面之间的接缝以及上下水管道与地面的接缝处要扫浆到位。

（2）刷防水剂：使用防水胶先刷墙面、地面，干透后再刷一遍。然后再检查一下防水层是否存在微孔，如果有，及时补好。第二遍刷完后，在其没有完全干透前，在表面再轻轻刷上一两层薄薄的纯水泥层。

（3）抹水泥砂浆：预留的卫生间墙面300mm和地面的防水层要一次性施工完成，不能留有施工缝，在卫生间墙地面之间的接缝以及上下水管与地面的接缝处要加设密目钢丝网，上下搭接不少于150mm（水管处以防水层的宽度为准），压实并做成半径为25mm的弧形，加强该薄弱处的抗裂及防水能力。

# （三）柔性防水施工

1.现场施工要求

（1）首先要用水泥砂浆将地面做平（特别是重新做装修的房子），然后再做防水处理。这样可以避免防水涂料因薄厚不均或刺穿防水卷材而造成渗漏。

（2）防水层空鼓一般发生在找平层与涂膜防水层之间和接缝处，原因是基层含水过大，使涂膜空鼓，形成气泡。施工中应控制含水率，并认真操作。

（3）防水层渗漏水，多发生在穿过楼板的管根、地漏、卫生洁具及阴阳角等部位，原因是管根、地漏等

柔性防水施工

部件松动、黏结不牢、涂刷不严密或防水层局部损坏，部件接槎封口处搭接长度不够所造成。所以这些部位一定要格外注意，处理一定要细致，不能有丝毫的马虎。

（4）涂膜防水层涂刷24小时未固化仍有粘连现象，涂刷第二道涂料有困难时，可先涂一层滑石粉，在上人操作时，可不粘脚，且不会影响涂膜质量。

2. 施工流程

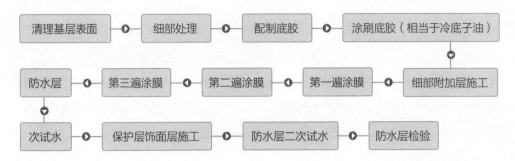

清理基层表面 → 细部处理 → 配制底胶 → 涂刷底胶（相当于冷底子油）

防水层 ← 第三遍涂膜 ← 第二遍涂膜 ← 第一遍涂膜 ← 细部附加层施工

次试水 → 保护层饰面层施工 → 防水层二次试水 → 防水层检验

3. 施工重点

（1）细部处理：涂刷防水层的基层表面，不得有凸凹不平、松动、空鼓、起砂、开裂等缺陷。

（2）细部附加层施工：地面的地漏、管根、出水口、卫生洁具等根部（边沿），阴阳角等部位，应在大面积涂刷前，先做一布二油防水附加层，两侧各压交界缝200mm。涂刷防水材料，具体要求是，在常温4小时表干后，再刷第二道涂膜防水材料，24小时实干后，即可进行大面积涂膜防水层施工。

（3）第一遍涂膜：将已配好的聚氨酯涂膜防水材料，用塑料或橡皮刮板均匀涂刮在已涂好底胶的基层表面，每平方米用量为0.8kg，不得有漏刷和鼓泡等缺陷，24小时固化后，可进行第二道涂层。

（4）第二遍涂膜：在已固化的涂层上，采用与第一道涂层相互垂直的方向均匀涂刷在涂层表面，涂刮量与第一道相同，不得有漏刷和鼓泡等缺陷。

（5）第三遍涂膜：24小时固化后，再按上述配方和方法涂刮第三道涂膜，涂刮量以0.4~0.5kg/m$^2$为宜。三道涂膜厚度为1.5mm。

（6）第一次试水：进行第一次试水，遇有渗漏，应进行补修，至不出现渗漏为止。

## （四）闭水试验

在家居中的卫生间装修完之后，业主应通知楼下的邻居自己要做闭水试验。将门槛用防水材料拦住，然后放水深20~30mm，静止24小时后，到楼下询问是否漏水，然后再检查墙壁有没有漏水。如果都没有漏水，就说明卫生间装修防水没有问题。有些业主更愿意在48小时之后再检查，那自然更为保险一些。

闭水试验

# 三、包立管施工

## 1. 确认施工条件

包立管施工之前，应该做完防水施工。一来新砌的墙体日后难免会与原结构之间形成裂纹甚至裂缝，如果不提前在原结构面做好防水，容易渗漏；二是包完立管后，立管根部及立管附近墙角部防水不能施工，防水只能做到新砌的砖面上，对于容易发生渗漏的墙角和根部就是一个很大的隐患。此外，所有金属上下水管应已做好防结露、保温处理。

## 2. 准备施工材料

包立管的施工方法有很多种，常见的有砌砖法、木龙骨法、轻钢龙骨法和塑铝板法。不同的施工方法对应的材料准备也不太一样。一般来说，只要立管所占的空间面积不是特别小，建议采用砌砖法，因为采用用砖包的立管，隔音性好、比较结实、不易变形，贴完瓷砖后也不容易炸缝。

从标准做法来说，即使采用砌砖法包立管，也要进行隔音处理。目前施工现场主要用隔音棉或者橡塑板进行隔音包裹，再用白胶带进行固定，采用轻质砖进行后期砌筑，然后在砖面用水泥砂浆进行抹灰施工。

砖砌包立管

## 3. 现场施工要求

（1）包管前要在砖上浇水，增强砂浆对砖的胶结力。

（2）新砌砖墙底部按墙体厚度和位置用细木工板支模，用 C20 细石混凝土浇筑导梁并进行养护。

（3）墙面墙体交接部位用 Φ8 全牙螺杆加 Φ8 组合式膨胀管进行植筋，植筋间距不大于 500mm，同一高度应为并排两根。

（4）拉筋长度应不小于墙体长度的 1/3，当墙体长度下于 500mm 时，拉筋长度于墙体长度相同。

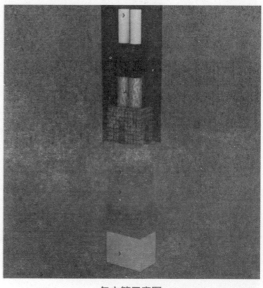

包立管示意图

（5）如果立管附近有阀门或水表之类的，还需要预留检修口，在砌砖时要注意紧贴管道，不要浪费空间。

（6）要等砖墙基本晾干后再抹灰，保证抹灰面质量。

**4. 施工流程**

**5. 施工重点**

（1）在包立管时，最好对管道根部浇筑一部分混凝土止水梁，高度大约在 20cm 左右即可。尤其是对于卫生间这样用水比较多的空间，浇筑止水梁可以有效防止后期渗漏的发生。

（2）在包隔音材料的时候需要注意，除了立管需要包裹，顶面的横管同样也需要进行包裹。横管也容易产生噪音，而且一旦横管产生结露，很容易在吊顶面层和龙骨架下形成水垢斑点，不仅影响美观，还会侵蚀装修材料。

（3）用胶带固定隔音材料的时候，胶带松紧度要适中，太紧影响隔音效果，固定效果不好。胶带需要按照一定的顺序，逐圈缠绕。

（4）砌筑砖墙时，将轻质砖横向立起来砌筑，俗称"看大面"。新墙与原墙面相交处应以水淋湿，并用水泥素浆通刷。新墙水平面与原墙体交接阴角处用 2 寸水泥钢钉加固。新墙在与原墙体相交的两个阴角处弹划出垂直标线，阳角处应吊挂线坠。砌筑时，每层的立缝要错开，阳角处上下层交叉压缝。墙体完成后用素水泥浆对整体墙面抹刮一遍。

（5）包立管一般面积都不大，抹灰层也不厚，在砌筑完成后，最好挂一层钢丝网，再进行抹灰施工，不仅能够加固墙体，还可以防止抹灰层开裂。

**6. 其他包立管施工方法**

| 序号 | 施工方法 | 工艺概述 | 优缺点 |
|---|---|---|---|
| 1 | 木龙骨加水泥压力板法 | 用木龙骨搭起支架，然后再在上面钉水泥压力板，抹灰后贴上瓷砖即可 | 施工方法简单、省事，但是存在遇潮易吸水、发霉、变形等情况，瓷砖也容易炸缝 |
| 2 | 轻钢龙骨加水泥压力板法 | 一般使用四根轻刚龙骨做成框架，再封水泥压力板，挂钢丝网，最后再抹灰 | 不容易变形，使用也比较普遍，要选用质量上乘的轻钢龙骨，防止生锈变形 |

续表

| 序号 | 施工方法 | 工艺概述 | 优缺点 |
|------|----------|----------|--------|
| 3 | 扣板法 | 采用吊顶扣板直接制作框架包住立管<br>安装塑料扣板：在木龙骨上加阳角线，直接把扣板从下端向上安装进去<br>安装铝塑板：在木龙骨上钉九厘板，再用万能胶把铝塑板粘上去 | 制作非常方便，比较适合在家庭装修完毕后，想把立管包起来的情况；<br>塑料扣板制作简单，但是外形不够美观，与周围墙面不是很搭配；<br>铝塑板装饰效果接近瓷砖，但是包角容易裂，所以要使用较厚的板材 |

# 四、墙面抹灰

**1. 准备施工材料**

抹灰工程所使用的主要材料有：水泥、中砂、石灰膏、生石灰粉、胶粘剂、外加剂、水等。

（1）水泥应使用强度等级为 32.5 级及以上的矿渣水泥或普通水泥。

（2）中砂的平均粒径为 0.35~0.5mm，颗粒要求坚硬洁净，不得含有黏土、草根、树叶等杂质。

（3）石灰膏应用块状生石灰淋制，淋制时使用的筛子孔径不得大于 3mm×3mm。

（4）生石灰粉使用前应用水泡透使其充分熟化，熟化时间不少于 3 天。

**2. 现场施工要求**

（1）抹灰用的水泥宜为硅酸盐水泥或普通硅酸盐水泥，强度等级不应小于 32.5 级，且应有合格证书。不同品种，不同强度等级的水泥不得混用。

（2）宜选用中砂，用前过筛，不得含有杂物。所用石灰膏的熟化期不应少于 15 天，罩面用磨细生石灰粉的熟化期不应少于 3 天。水泥砂浆拌好后，应在初凝前用完，凡结硬砂浆不得继续使用。

墙面抹灰防止脱落

（3）基层处理必须合格，砖砌体应清除表面附着物、尘土，抹灰前洒水湿润；混凝土砌体，表面应凿毛或在表面洒水润湿后涂刷掺加适当胶粘剂的 1∶1 水泥砂浆；加气混凝土砌体则应在润湿后刷界面剂，边刷边抹强度不大于 M5 的水泥混合砂浆。

（4）抹灰层与基层及各抹灰层之间粘接必须牢固；用水泥砂浆或混合砂浆抹灰时应待前一层抹灰层凝结后，方可抹第二层。用石灰砂浆抹灰时，应待前一层达到七八成干后再抹下一层。底层抹灰层的强度不得低于面层的抹灰层强度。

（5）不同材料基本交接处的表面抹灰时，应采取防开裂的措施，如贴胶带或加细金属网等。

（6）洞口阳角应用 1：2 水泥砂浆做暗护角，其高度不应低于 2m，每侧宽度不应小于 50mm。

（7）大面积抹灰前应设置标筋，制作好标准灰饼找规矩和阴阳角，找方正是保证抹灰质量的重要环节，它会影响后续的许多工序。

（8）水泥砂浆抹灰层应在抹灰 24 小时后进行养护。抹灰层在凝固前，应防止振动、撞击、水冲、水分急剧蒸发。冬期施工时，抹灰作业面的温度不宜低于 5℃，抹灰层初凝前不得受冻。

3. 施工流程

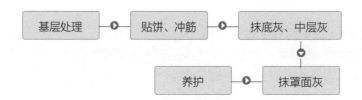

基层处理 ▶ 贴饼、冲筋 ▶ 抹底灰、中层灰 ▶ 养护 ◀ 抹罩面灰

4. 施工重点

（1）抹底灰、中层灰：根据抹灰的基体不同，抹底灰前可先刷一道胶黏性水泥砂浆，然后抹 1：3 水泥砂浆，且每层厚度控制在 5~7mm 为宜。每层抹灰必须保持一定的时间间隔，以免墙面收缩而影响质量。

（2）抹罩面：在抹罩面灰之前，应观察底层砂浆的干硬程度，在底灰七八成干时抹罩面灰。如果底层灰已经干透，则需要用水先湿润，再薄薄地刮一层素水泥浆，使其与底灰粘牢，然后抹

墙面抹灰

罩面灰。另外，在抹罩面灰之前应注意检查底层砂浆有无空、裂现象，如有应剔凿返修后再抹罩面灰。

**TIPS**

**内墙保温施工**

内墙保温施工有四大步骤，具体做法如下。

（1）基层处理：各种材料基层墙体均应满涂基层界面剂砂浆。

（2）保温层施工准备：用胶粉聚苯颗粒做标准厚度贴饼冲筋以控制保温层的厚度。

（3）保温层施工：胶粉聚苯颗粒保温层施工至少应分两遍，每遍所抹胶粉聚苯颗粒厚度不宜超过20mm，间隔24小时。保温层固化干燥（一般5天）后，方可进行下一道工序。

（4）抗裂防护层及饰面层施工：将3~4mm厚抗裂砂浆均匀地抹在保温层表面上，立即将裁好的耐碱网布用铁抹子压入抗裂砂浆内，耐碱网布之间的搭接不应小于50mm。涂料饰面时在抗裂砂浆干燥后应刮柔性腻子，要求平整光洁，干燥后再喷刷涂料。

# 五、墙砖（马赛克）铺贴

**1. 准备施工材料**

（1）陶瓷墙面砖施工所使用的主要材料有陶瓷锦砖、陶瓷墙砖、水泥、砂粉料、水等。

（2）陶瓷墙砖分为釉面砖、通体砖、抛光砖、玻化砖、陶瓷锦砖（又称为马赛克）等。

（3）马赛克按质地又分为陶瓷、大理石、玻璃、金属等几大类。

（4）瓷砖的表面应光洁、方正、平整；质地坚固，其品种、规格、尺寸、色泽、图案应均匀一致，不得有缺棱、掉角、暗痕和裂纹等缺陷。

在铺贴墙砖之前，墙面基层清理干净，窗台、窗套等事先砌堵好。

**2. 现场施工要求**

（1）墙砖使用前，要仔细检查墙砖的尺寸（长度、宽度、对角线、平整度）、色差、品种，防止混等混级。墙砖的品种、规格、颜色和图案应符合设计、住户的要求，表面不得有划痕，缺棱掉角等质量缺陷。

（2）墙面砖铺贴前应浸水0.5~2小时，以砖体不冒泡为准，取出晾干待用。

（3）贴前应选好基准点，进行放线定位和排砖，非整砖应排放在次要部位或阴角处。每面墙不宜有两列非整砖，非整砖宽度不宜小于整砖的1/3。

浸砖

贴前应确定水平及竖向标志，垫好底尺，挂线铺贴。墙面砖表面应平整、接缝应平直、缝宽应均匀一致。阴角砖应压向正确，阳角线宜做成 45°角对接，在墙面突出物处，应整砖套割吻合，不得用非整砖拼凑铺贴。

（4）水泥使用 42.5 级水泥，结合砂浆宜采用 1∶2 水泥砂浆，砂浆厚度宜为 6~10mm。水泥砂浆应满铺在墙砖背面，一面墙不宜一次铺贴到顶，以防塌落。

（5）严禁使用硬物工具，敲击瓷砖表面，只能用木或橡胶锤。

（6）木作隔墙贴墙砖，应先在木作基层上挂钢丝网，作抹灰基层后再贴墙砖。

（7）墙砖粘贴时，平整度用 1m 靠尺检查，误差≤1mm，2m 靠尺检查，平整度≤2mm，相邻间缝隙宽度≤2mm，平直度≤3mm，接缝高低差≤1mm。

（8）腰带砖在镶贴前，要检查尺寸是否与墙砖的尺寸相互协调，下腰带砖下口离地不低于800mm，上腰带砖离地≤1800mm。

（9）墙砖镶贴过程中，砖缝之间的砂浆必须饱满，严禁空鼓。伤角面砖必须更换。墙砖的最上面一层贴完后，应用水泥砂浆把上部空隙填满，以防在做扣扳吊顶打眼时，将墙砖打裂。

（10）墙砖的最下面一层，应留到地砖完后再补贴。第二次采购墙砖时，必须带上样砖，挑选同色号砖。

（11）墙砖与洗面台、浴缸等的交结，应在洗面台、浴缸安装完后方可补贴。墙砖与开关插座暗盒开口切割应严密，不得有墙砖贴好后上开关面板时，面板盖不住缝隙的现象。

（12）墙砖镶贴时，遇到开关面板或水管的出水孔在墙砖中间，墙砖不允许断开，应用切割机掏孔，掏孔应严密。

（13）墙砖镶贴时，应考虑与门洞的交口应平整，门边线应能完全把缝隙遮盖。

（14）墙砖铺贴完后 1 小时内必须用干勾缝剂（或白水泥）勾缝，清洁干净。交工验收前清缝一次，清洁干净。

（15）贴哑光面砖时，必须采用毛巾或者软布擦拭表面，不得用清洁球。

3. 内外墙贴砖

（1）内墙贴砖施工流程。

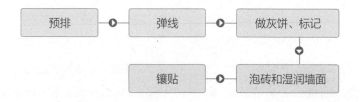

（2）外墙贴砖施工流程。

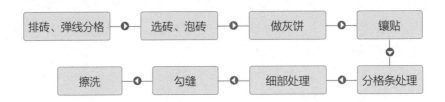

```
排砖、弹线分格 → 选砖、泡砖 → 做灰饼 → 镶贴
                                        ↓
擦洗 ← 勾缝 ← 细部处理 ← 分格条处理
```

（3）施工重点。

1）预排：内墙砖镶贴前应预排，要注意同一墙面的横竖排列，不得有一行以上的非整砖。非整砖应排在次要部位或阴角处，排砖时可用调整砖缝宽度的方法解决。如无设计规定时，接缝宽度可在1~1.5mm调整。在管线、灯具、卫生设备支撑等部位，应用整砖套割吻合，不得用非整砖拼凑镶贴，以保证美观效果。

2）泡砖和湿润墙面：釉面砖粘贴前应放入清水中浸泡2小时以上，然后取出晾干，用手按砖背无水迹时方可粘贴。冬季宜在掺入2%盐的温水中浸泡。砖墙面要提前1天湿润好，混凝土墙面可以提前3~4天湿润，以免吸走黏结砂浆中的水分。

3）镶贴：在釉面砖背面抹满灰浆，四周刮成斜面，厚度在5mm左右，注意边角要满浆。当釉面砖贴在墙面时应用力按压，并用灰铲木柄轻击砖面，使釉面砖紧密粘于墙面。铺完整行的砖后，再用长靠尺横向校正一次。对高于标志块的应轻轻敲击，使其平齐；若低于标志块的，应取下砖，重新抹满刀灰铺贴，不得

贴墙面砖

在砖口处塞灰，否则会产生空鼓。然后依次按此法往上铺贴。如因釉面砖的规格尺寸或几何尺寸形状不等时，应在铺贴时随时调整，使缝隙宽窄一致。当贴到最上一行时，要求上口成一直线。上口如没有压条，应用一边圆的釉面砖，阴角的大面一侧也用一边圆的釉面砖，这一排的最上面一块应用两边圆的釉面砖。在有洗面盆、镜子等的墙面上，应按洗面盆下水管部位分中，往两边排砖。

4. 马赛克铺贴

（1）施工流程。

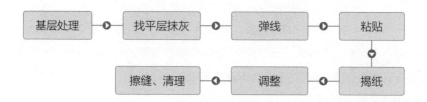

基层处理 → 找平层抹灰 → 弹线 → 粘贴

擦缝、清理 ← 调整 ← 揭纸 ← 粘贴

（2）施工重点。

1）软贴法粘贴马赛克：粘贴陶瓷锦砖时，一般自上而下进行。在抹黏结层之前，应在湿润的找平层上刷素水泥浆一遍，抹 3mm 厚的 1：1：2 纸筋石灰膏水泥混合浆黏结层。待黏结层用手按压无坑印时，即在其上弹线分格，由于灰浆仍稍软，故称为"软贴法"。同时，将每联陶瓷锦砖铺在木板上（底面朝上），用湿棉纱将锦砖黏结层面擦拭干净，再用小刷蘸清水刷一道。随即在锦砖粘贴面刮一层

贴马赛克

2mm 厚的水泥浆，边刮边用铁抹子向下挤压，并轻敲木板振捣，使水泥浆充盈拼缝内，排出气泡。然后在黏结层上刷水、湿润，将锦砖按线、靠尺粘贴在墙面上，并用木槌轻轻拍敲按压，使其更加牢固。

2）硬贴法粘贴马赛克：硬贴法是在已经弹好线的找平层上洒水，括一层厚度在 1~2mm 的素水泥浆，再按软贴法进行操作。但此法的不足之处是找平层上的所弹分格线被素水泥浆遮盖，锦砖铺贴无线可依。

3）干缝洒灰湿润法粘贴马赛克：在锦砖背面满撒 1：1 细砂水泥干灰（混合搅拌应均匀）充盈拼缝，然后用灰刀刮平，并洒水使缝内干灰湿润成水泥砂浆，再按软贴法贴于墙面。贴时应注意缝格内干砂浆应撒填饱满，水湿润应适宜，太干易使缝内部分干灰在提纸时漏出，造成缝内无灰；太湿则锦砖无法提起不能镶贴。此法由于缝内充盈良好，可省去擦缝，揭纸后只需稍加擦拭即可。

4）揭纸：锦砖应按缝对齐，联与联之间的距离应与每联排缝一致，再将硬木板放在已经贴好的锦砖纸面上，用小木槌敲击硬木板，逐联满敲一遍，保证贴面平整。待黏结层开始凝固即可在

锦砖护面纸上用软毛刷刷水湿润。护面纸吸水泡开后便可揭纸。揭纸应先试揭。在湿纸水中撒入水泥灰搅匀，能加快纸面吸水速度，使揭纸时间提前。揭纸应仔细按顺序用力向下揭，切忌往外猛揭。

5）擦缝、清理：擦缝应先用橡皮刮板，用与镶贴时同品种、同颜色、同稠度的素水泥浆在锦砖上满刮一遍，个别部位须用棉纱蘸浆嵌补。擦缝后素浆严重污染了锦砖表面，必须及时清理清洗。清洗墙面应在锦砖黏结层和勾缝砂浆终凝结后进行。

5. 现场施工注意事项

（1）铺贴瓷砖留缝大小。

由于基础层、黏结层与瓷砖本身的热胀冷缩系数差异很大，经过1~2年的热冷张力破坏，过密的铺贴易造成瓷砖鼓起、断裂等问题。

在铺贴瓷砖时，接缝可在2~3mm之间调整！同时为避免浪费材料，可先随机抽样若干选好的产品放在地面进行不粘合试铺，若发现有明显色差、尺寸偏差、砖与砖之间缝隙不平直、倒角不均匀等情况，在进行砖位调整后

墙砖留缝

仍没有达到满意效果的，应当及时停止铺设，并与材料商联系进行调换！

（2）厨房和卫生间贴砖高度。

厨房和卫生间都是家庭装修中的重点区域，又是高温又是水的，还有油烟、水蒸气，所以瓷砖对于墙面的保护就显得非常重要了。

一般来说，如果厨房和卫生间没有做吊顶，瓷砖肯定是要铺到顶的，否则水蒸气、油烟等，很容易渗入墙面！如果厨房和卫生间有做吊顶，瓷砖可以贴到比吊顶底面高一点就可以了！通常情况下厨房可以预留10~20cm做吊顶，卫生间

卫生间贴砖

留 25cm 左右，想要省钱呢，就少铺这么一点，如果资金充裕，那就还是铺到顶吧。

另外想省钱还可以在这些地方用便宜的瓷砖，还有橱柜背后也是可以用质量稍差一点的瓷砖。

（3）花砖、腰线要预铺。

作为拼贴或者是装饰用的花砖、腰线，很多工人和业主觉得没有必要预铺，直接按预先弹出的线进行铺装就好。其实，作为美观装饰用的花砖、腰线，在铺贴效果上要求更高，尤其是在一些细节上的瑕疵往往会影响最终的平面效果。因此在铺贴这类砖时，一定要进行预铺，必须确保花砖、腰线的花纹、上下方向完全正确以后方可铺设。

（4）木板上面铺贴马赛克。

在木板上铺贴马赛克最主要的材料就是白乳胶，然后就是填缝剂。参考以下步骤进行。

1）清洁、干燥木板。

清除木板上的各种污渍，保证木板干燥、清洁、平整。

2）涂胶。

在木板上均匀地涂上白乳胶，稍等 7~15 分钟（或根据气温而定）。

3）贴砖。

带白乳胶处于半干状态，将马赛克有网的一面贴上即可，并轻轻拍实。贴的顺序一般是这样的：按下到上的顺序进行贴铺。

4）填缝。

马赛克贴好在木板上五六个小时后，用填缝剂把所有的缝填上。

6. 墙面勾缝处理技巧

对于瓷砖这类材料来说，施工质量的高低会直接影响到最终的装饰效果，即使对于最后的勾缝在处理上也有一定的技巧，处理得好，则效果整齐、大方，处理得不好，不仅影响美观，甚至对于墙砖的使用寿命都有一定的影响。墙面基本以和砖同色或浅色为主，用填缝剂或白水泥沟填，显得宽敞、大气、明亮，而地面一般以同色或深色勾缝剂为主，方便清洗，不显脏。按缝的宽窄，勾缝要用橡胶刮，对大于或等于 2mm 的砖缝，用斗圆勾填，一般用填缝剂；对小于 2mm 的砖缝一般用钢刮搓平缝。

墙砖勾缝

# 六、地砖（马赛克）铺贴

**7. 确认施工条件**

（1）内墙 +50cm 水平标高线已弹好，并校核无误。

（2）墙面抹灰、屋面防水和门框已安装完。

（3）地面垫层以及预埋在地面内各种管线已做完。穿过楼面的竖管已安完，管洞已堵塞密实。有地漏的房间应找好泛水。

（4）提前做好选砖的工作，预先用木条钉方框（按砖的规格尺寸）模子，拆包后对每块砖要进行挑选，长、宽、厚不得超过 ±1mm，平整度不得超过 ±0.5mm。外观有裂缝、掉角和表面上有缺陷的剔出，并按花型、颜色挑选后分别堆放。

**2. 准备施工材料**

（1）水泥：硅酸盐水泥、普通硅酸盐水泥。其强度等级不应低于 42.5 级，并严禁混用不同品种、不同级别等级的水泥。

（2）砂：中砂或粗砂，过 8mm 孔径筛子，其含泥量不应大于 3%。

（3）瓷砖有出厂合格证，抗压、抗折及规格品种均符合设计要求，外观颜色一致、表面平整（水泥花砖要求表面平整、光滑、图案花纹正确）、边角整齐、无翘曲及窜角。

**3. 现场施工要求**

（1）混凝土地面应将基层凿毛，凿毛深度 5~10mm，凿毛痕的间距为 30mm 左右。清净浮灰，砂浆、油渍，将地面散水刷扫。或用掺 108 胶的水泥砂浆拉毛。抹底子灰后，底层六七成干时，进行排砖弹线。基层必须处理合格。基层湿水可提前一天实施。

（2）铺贴前应弹好线，在地面弹出与门道口成直角的基准线，弹线应从门口开始，以保证进口处为整砖，非整砖置于阴角或家具下面，弹线应弹出纵横定位控制线。正式粘贴前必须粘贴标准点，用以控制粘贴表面的平整度，操作时应随时用靠尺检查平整度，不平、不直的，要取下重粘。

（3）铺贴陶瓷地面砖前，应先将陶瓷地面砖浸泡两小时以上，以砖体不冒泡为准，取出晾干待用。以免影响其凝结硬化，发生空鼓、起壳等问题。

（4）铺贴时，水泥砂浆应饱满地抹在陶瓷地面砖背面，铺贴后用橡皮锤敲实。同时，用水平尺检查校正，擦净表面水泥砂浆。铺粘时遇到管线、灯具开关、卫生间设备的支承件等，必须用整砖套割吻合。

（5）铺贴完 2~3 小时后，用白水泥擦缝，用水泥、沙子比例为 1∶1（体积比）的水泥砂浆，缝要填充密实，平整光滑。再用棉丝将表面擦净。铺贴完成后，2~3 小时内不得上人。陶瓷锦砖应养护 4~5 天才可上人。

### 地面瓷砖、石材铺设时间

地面石材、瓷质砖铺装是技术性较强、劳动强度较大的施工项目。一般地面石材的铺装，在基层地面已经处理完、辅助材料齐备的前提下，每个工人每天铺装 6m² 左右。如果加上前期基层处理和铺贴后的养护，每个工人每天实际铺装 4m² 左右。地面瓷质砖的铺装工期比地面石材铺装略少一天。如果地面平整，板材质量好、规格较大，施工工期可以缩短。在成品保护的条件下，地面铺装可以和油漆施工、安装施工平行作业。

4. 地砖铺设

（1）施工流程。

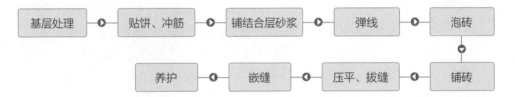

基层处理 ▷ 贴饼、冲筋 ▷ 铺结合层砂浆 ▷ 弹线 ▷ 泡砖

养护 ◁ 嵌缝 ◁ 压平、拔缝 ◁ 铺砖

（2）施工重点。

1）贴饼、冲筋：根据墙面的 50 线弹出地面建筑标高线和踢脚线上口线，然后在房间四周做灰饼。灰饼表面应比地面建筑标高低一块砖的厚度。厨房及卫生间内陶瓷地砖应比楼层地面建筑标高低 20mm，并从地漏和排水孔方向做放射状标筋，坡度应符合设计要求。

2）铺结合层砂浆：应提前浇水湿润基层，刷一遍水泥素浆，随刷随铺 1：3 的干硬性水泥砂浆，根据标筋标高，将砂浆用刮尺拍实刮平，再用长刮尺刮一遍，然后用木抹子搓平。

3）泡砖：将选好的陶瓷地砖清洗干净后，放入清水中浸泡 2~3 小时后，取出晾干备用。

4）铺砖：铺砖的顺序依次为：按线先铺纵横定位带，定位带间隔 15~20 块砖，然后铺定位带内的陶瓷地砖；从门口开始，向两边铺贴；也可按纵向控制线从里向外倒着铺；踢脚线应在地面做完后铺贴；楼梯和台阶踏步应先铺贴踢板，后铺贴踏板，踏板先铺贴防滑条；镶边部分应先铺镶；铺砖时，应抹素水泥浆，并按陶瓷地砖的控

陶瓷地砖铺贴

制线铺贴。

5）压平、拔缝：每铺完一个房间或区域，用喷壶洒水后大约15分钟用木槌垫硬木拍板按铺砖顺序拍打一遍，不得漏拍，在压实的同时用水平尺找平。压实后，拉通线先竖缝后横缝进行拔缝调直，使缝口平直、贯通。调缝后，再用木槌，拍板拍平。如陶瓷地砖有破损，应及时更换。

6）嵌缝：陶瓷地砖铺完2天后，将缝口清理干净，并刷水湿润，用水泥浆嵌缝。如是彩色地面砖，则用白水泥或调色水泥浆嵌缝，嵌缝做到密实、平整、光滑，在水泥砂浆凝结前，应彻底清理砖面灰浆，并将地面擦拭干净。

### 地面勾缝技巧

在对地砖地面进行勾缝时，很多时候由于工人的操作不熟练导致勾缝不均匀，或者污染地砖，尤其是对于釉面砖和抛光砖这类容易渗入的地砖，一旦被污染，哪怕只是很小的一点也会给整体效果留下瑕疵。因此，在对地砖进行勾缝时，最好在砖的边缘用纸胶带实现粘贴保护起来，这样地砖就不会受到勾缝剂的污染。

地砖勾缝

**5. 马赛克铺设**

（1）施工流程。

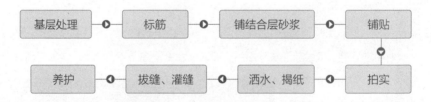

（2）施工重点。

1）贴饼、冲筋：根据墙面的50线弹出地面建筑标高线和踢脚线上口线，然后在房间四周做灰饼。灰饼表面应比地面建筑标高低一块砖的厚度。厨房及卫生间内陶瓷地砖应比楼层地面建筑标高低20mm，并从地漏和排水孔方向做放射状标筋，坡度应符合设计要求。

2）铺结合层砂浆：应提前浇水湿润基层，刷一遍水泥素浆，随刷随铺1：3的干硬性水泥砂浆，根据标筋标高，将砂浆用刮尺拍实刮平，再用长刮尺刮一遍，然后用木抹子搓平。

3）泡砖：将选好的陶瓷地砖清洗干净后，放入清水中浸泡2~3小时后，取出晾干备用。

4）铺砖：铺砖的顺序依次为：按线先铺纵横定位带，定位带间隔15~20块砖，然后铺定位带内的陶瓷地砖；从门口开始，向两边铺贴；也可按纵向控制线从里向外倒着铺；踢脚线应在地面做完后铺贴；楼梯和台阶踏步应先铺贴踢板，后铺贴踏板，踏板先铺贴防滑条；镶边部分应先铺镶；铺砖时，应抹素水泥浆，并按陶瓷地砖的控制线铺贴。

陶瓷锦砖铺贴

5）压平、拔缝：每铺完一个房间或区域，用喷壶洒水后大约15分钟用木槌垫硬木拍板按铺砖顺序拍打一遍，不得漏拍，在压实的同时用水平尺找平。压实后，拉通线先竖缝后横缝进行拔缝调直，使缝口平直、贯通。调缝后，再用木槌，拍板拍平。如陶瓷地砖有破损，应及时更换。

6）嵌缝：陶瓷地砖铺完2天后，将缝口清理干净，并刷水湿润，用水泥浆嵌缝。如是彩色地面砖，则用白水泥或调色水泥浆嵌缝，嵌缝做到密实、平整、光滑，在水泥砂浆凝结前，应彻底清理砖面灰浆，并将地面擦拭干净。

# 七、大理石铺贴

## （一）大理石墙面铺贴

### 1. 确认施工条件

（1）墙面结构和基层验收合格，水电安装等已施工完毕。

（2）室内弹 +500mm 线。

（3）提前搭设操作架，横竖杆离窗口或墙壁面约 200mm，架子高度应满足施工操作要求。

（4）有门窗的墙面必须把门窗框立好，位置准确，并应垂直和牢固，并考虑安装大理石时尺寸有足够的留量。同时用 1:3 水泥砂浆将缝隙塞严实。

（5）石材进场应堆放于室内，下垫好方木，核对数量、规格；大理石铺贴前应预铺、配花、编号，以备正式铺贴时按号取用。

### 2. 准备施工材料

石材饰面板施工用到的材料主要有大理石、水泥、熟石膏、铜丝或镀锌铅丝、铅皮、硬塑料板条、砂、防碱背涂处理剂、108 胶、钢筋、膨胀螺栓等。进场的石材应仔细验收，颜色不均匀时，应进行挑选，必须时试拼选用。

3. 现场施工要求

（1）石材表面平整、洁净，颜色协调一致，图案清晰、协调。

（2）接缝填嵌密实、平直，宽窄一致，颜色一致。阴阳角处板的压向正确，非整板的使用部位适宜。

（3）石材边缘整齐，墙裙、贴脸等上口平顺，突出墙面的厚度一致。

（4）流水坡向正确，滴水线顺直。铺贴牢固、方正、楞角整齐，不得有空鼓、裂缝等缺陷。

4. 施工流程与施工重点

（1）施工流程。

（2）施工重点。

1）铺贴前墙面必须洒水湿润，表面做拉毛处理，增强砂浆的黏结力。

2）在大理石背面开槽，挂铜线，并用胶固定好。因为大理石比较重，所以必须挂线加强牢固度。

3）为了保证铺贴后大理石的美观性，最好选择与大理石颜色接近的白水泥进行铺贴和勾缝。由于白水泥牢后期容易脱落和变色，现场也常用专用勾缝剂进行勾缝，效果比普通白水泥好，但是价格也贵一些。

4）铺贴完成后，待表面水泥稍干，及时清理，避免污染石材面。

## （二）大理石地面铺贴

1. 确认施工条件

（1）石材进场后，应侧立堆放在室内，光面相对、背面垫松木条，并在板下加垫木方。详细核对品种、规格、数量等是否符合设计要求，有裂纹、缺棱、掉角、翘曲和表面有缺陷时，应予剔除。

（2）室内抹灰（包括立门口）、地面垫层、预埋在垫层内的电管及穿通地面的管线均已完成。

2. 现场施工要求

（1）基层处理要干净，高低不平处要先凿平和修补，基层应清洁，不能有砂浆，尤其是白灰砂浆灰、油渍等，并用水湿润地面。

（2）铺贴前将板材进行试拼，对花、对色、编号，确保铺设出的地面花色一致。

（3）铺装石材时必须安放标准块，标准块应安放在十字线交点，对角安装。铺装操作时要每行依次挂线，石材必须浸水湿润，阴干后擦净背面，以免影响其凝结硬化，发生空鼓、起壳等问题。

（4）石材地面铺装后的养护十分重要，安装24小时后必须洒水养护，铺完后覆盖锯末养护。铺贴完成后，2~3天内不得上人。

3. 施工流程与施工重点

（1）施工流程。

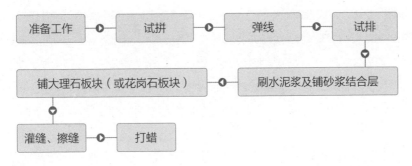

（2）施工重点。

1）试拼：在正式铺设前，对每一房间的大理石（或花岗石）板块，应按图案、颜色、纹理试拼，将非整块板对称排放在房间靠墙部位，试拼后按两个方向编号排列，然后按编号码放整齐。

2）试排：在房间内的两个相互垂直的方向铺两条干砂，其宽度大于板块宽度，厚度不小于3cm。结合施工大样图及房间实际尺寸，把大理石（或花岗石）板块排好，以便检查板块之间的缝隙，核对板块与墙面、柱、洞口等部位的相对位置。

3）铺砌大理石（或花岗石）板块：板块应先用水浸湿，待擦干或表面晾干后方可铺设；根据房间拉的十字控制线，纵横各铺一行，作为大面积铺砌标筋用。依据试拼时的编号、图案及试排时的缝隙（板块之间的缝隙宽度，当设计无规定时不应大于1mm），在十字控制线交点开始铺砌。先试铺即搬起板块对好纵横控制线

局部大理石铺贴

铺落在已铺好的干硬性砂浆结合层上，用橡皮锤敲击木垫板（不得用橡皮锤或木槌直接敲击板块），振实砂浆至铺设高度后，将板块掀起移至一旁，检查砂浆表面与板块之间是否相吻合。如发现空虚之处，应用砂浆填补。然后正式镶铺，先在水泥砂浆结合层上满浇一层水灰比为1:2的素水泥浆（用浆壶浇均匀），再铺板块，安放时四角同时往下落，用橡皮锤或木槌轻击木垫板，根据水平线用铁水平尺找平，铺完第一块，向两侧和后退方向顺序铺砌。铺完纵、横行之后有了标准，可分段分区依次铺砌，一般房间宜先里后外进行，逐步退至门口，便于成品保护，但必须注意与楼道相呼应。也可从门口处往里铺砌，板块与墙角、镶边和靠墙处应紧密砌合，不得有空隙。

4）灌缝、擦缝：在板块铺砌后1~2昼夜进行灌浆擦缝。根据大理石（或花岗石）颜色，选择相同颜色矿物颜料和水泥（或白水泥）拌和均匀，调成1:1稀水泥浆，用浆壶徐徐灌入板块之间的缝隙中（可分几次进行），并用长把刮板把流出的水泥浆刮向缝隙内，至基本灌满为止。灌浆1~2小时后，用棉纱团蘸原稀水泥浆擦缝与板面擦平，同时将板面上水泥浆擦净，使大理石（或花岗石）面层的表面洁净、平整、坚实，以上工序完成后，面层加以覆盖。养护时间不应小于7天。

## （三）大理石窗台铺贴

### 1.现场施工要求

（1）一般窗台石材都是按照尺寸预定，尺寸计算必须准确。

（2）铺贴窗台大理石前，需要进行磨边处理。

（3）大理石窗台安装后，石材边缘一般不要超出墙面20mm以上，防止后期台面折断。

### 2.施工流程与施工重点

（1）施工流程。

（2）施工重点。

1）窗台铺贴前必须用冲击钻或者凿子对基层进行凿毛处理，增强砂浆与基层的黏结力。

2）水泥砂浆层必须均匀、平整、饱满，防止后期空鼓。

3）在水泥砂浆层上刷一层水泥浆既能够增强黏结力，又可以防止石材空鼓。

4）铺贴石材时，用橡皮锤由石材中间向周边轻轻敲击，不可用力过度。

5）窗台铺贴完后，要及时进行清洁和养护，可以用塑料膜或者硬纸壳铺盖台面。

# 八、石材饰面板安装

**1. 准备施工材料**

石材饰面板施工用到的材料主要有天然大理石、天然花岗石、人造石材、水泥、砂、防碱背涂处理剂、水、108 胶、钢筋、棉纱、膨胀螺栓等。

**2. 现场施工要求**

（1）基层处理是防止安装后空鼓、脱落的关键环节。必须具有足够的强度和刚度。表面应平整粗糙。光滑的基体应凿毛，深度 5~15mm，间距约 30mm。表面的砂浆、尘土、油渍，应用钢丝刷刷净，并用水冲洗。

（2）固定石材的钢筋网与预埋件连接必须牢固可靠，每块石材与钢丝网拉接点不得少于 4 个，拉接用的金属丝应具有防锈性能。

（3）强度较低或较薄的石材应在背面粘贴玻璃纤维网布。

（4）灌注砂浆前应将石材背面及基面润湿，并用填缝材料临时封闭石材板缝，避免漏浆。

（5）灌注砂浆宜用 1∶2.5 水泥砂浆，分层进行灌注，每层灌注高度宜为 150~200mm，且不超过板高的 1/3，并插捣密实。待其初凝后方可灌注上层水泥砂浆。

**3. 大理石板施工流程与重点**

（1）施工流程。

板块钻孔 ▶ 基体钻斜孔 ▶ 板材安装与固定

大理石装饰效果图

（2）施工重点。

1）板块钻孔：用电钻在距板两端1/4处居板厚中心钻孔，孔径为6mm、深35~40mm。板宽小于500mm的打直孔2~3个，板宽大于500mm的打直孔3~4个，板宽大于800mm的打直孔4~5个。然后将板旋转90°，在板两边分别各打直孔一个，孔位距板下端100mm，孔径为6mm、深35~40mm，直孔都需要剔出7mm深的小槽，以便安装U形钉。

2）基体钻斜孔：板材钻孔后，按基体放线分块位置临时就位，确定对应于板材上下直孔的基体钻孔位置。用冲击钻在基体上钻出与板材平面呈45°角的斜孔，孔径为6mm，深40~50mm。

3）板材安装与固定：将"U"形钉一端钩进石材板块的直孔中，并随即用小硬木楔楔紧。另一端钩进基体斜孔中，校正板块平整度、垂直度符合要求后，也用小硬木楔楔紧，同时用大头硬木楔楔紧板块。随后便可进行分层灌浆。

4. 花岗岩施工流程与重点

（1）施工流程。

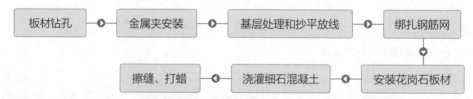

花岗岩装饰效果图

（2）施工重点。

1）金属夹安装：在石板背面钻135°的斜孔，先用合金钢凿子在打孔平面剔窝，再用台钻直对石板背面打孔，打孔时将石板固定在135°的木架上，孔深5~8mm，孔底距石板磨光面9mm、孔径为8mm。然后把金属夹安装在135°的孔内，用JGN建筑结构胶固牢，并与钢筋网连接牢固。

2）绑扎钢筋网：先绑竖筋，竖筋与结构内预埋筋或预埋铁件连接，横向钢筋则需根据石板规格，在比石板低2~3mm的位置做固定拉接筋，其他横筋可根据设计间距均分。

3）安装花岗石板材：按试拼板就位，石板上口外仰，将两板间连接筋对齐，连接件挂牢在横筋上，用木楔垫稳石板，用扣尺检查调整平直，一般从左向右进行安装，柱面水平交圈安装，以便校正阳角垂直度。四大角拉钢丝找直，每层石板应拉通线找平直，阴阳角用方尺套方。如发现缝隙大小不均匀，应用铅皮垫平，使石板缝隙均匀一致，并保证每层石板上口平直。

4）浇灌细石混凝土：把搅拌均匀的细石混凝土用铁簸箕慢慢倒入，不得碰动石板。要求下料均匀，轻捣细石混凝土，直至无气泡。每层石板分三次浇灌，每次浇灌间隔1小时左右，等初凝后无松动、无变形，方可再次浇灌细石混凝土。

# 九、地暖施工

## 1. 地暖类型与特点

地暖可分为电暖和水暖两种方式，电暖分为电缆线采暖、电热膜采暖、碳晶板采暖和电散热器采暖等；水暖分为低温地板辐射采暖、散热器采暖和混合采暖等。

| 项目 | 水暖 | 电暖 |
|---|---|---|
| 安装 | 湿式地暖，安装难度高，系统维护、调试成本高，100m² 需 4 人安装 5 天；干式地暖施工简单，100m² 只需 2 人安装 1 天即可完工 | 安装简便，100 m² 需要 4 人安装 2 天 |
| 采暖效果 | 预热时间至少需要 3h，地面达到均匀至少需要 4h，冷热点温差为 10℃ | 预热时间为 2~3h，均热时间为 4h 左右，冷热点温差为 10℃ |
| 层高影响 | 保温层 2cm+ 盘管 2cm+ 混凝土层 5cm= 9cm | 保温层 2cm+ 混凝土层 5cm=7cm |
| 耗材 | 水管内温度在 55℃以上，因此地面混凝土厚度在 3cm 以下会开裂，必须加装钢丝网，至少增加 30 元 / m² 的水泥成本 | 电缆线温度在 65℃以上，地面混凝土厚度至少为 5cm，并需加装钢丝网，至少增加 30 元 /m² 的水泥成本 |

续表

| 项目 | 水暖 | 电暖 |
|------|------|------|
| 耗能 | 实际使用能耗很高，经验数值为 100m² 的房间每月 1800 元以上 | 电能耗高，经验数值为 100m² 的房间每月 1500 元以上 |
| 实用寿命 | 地下盘管为 50 年，铜质分集水器为 10~15 年，锅炉整体寿命为 10~15 年 | 10 年之内地下发热电缆的外护套层有老化现象，温控器为 3~8 年 |

2. 确认施工条件

（1）地暖系统安装前，必须保证整个房屋水电施工完毕且通过验收。

（2）保证施工区域平整清洁，没有影响施工进行的设备、材料、杂物。

（3）施工的环境温度条件不宜低于 5℃。

（4）应避免与其他工种进行交叉作业，并且确保预留好后期需要的孔洞。

（5）分水器、集水器上均要设置排气阀，避免冷热压差或补水等造成的气泡影响系统运行。

（6）分水器、集水器内径不应小于总供、回水管内径，且最大断面流速不宜大于 0.8m/s。每个分水器、集水器分支环路不宜超过 8 个。

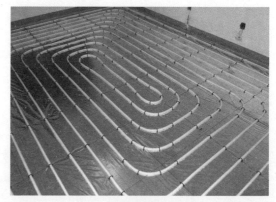

螺旋形布管

3. 准备施工材料

地暖施工用到的材料主要有：盘管、保温板（挤塑板和聚苯泡沫板）、反射膜、钢丝网、边角隔热层、卡钉、扎带等。

4. 地暖的布管方式及特点

（1）螺旋形布管：产生的温度通常比较均匀，并可通过调整管间距来满足局部区域的特殊要求，此方式布管时管路只弯曲 90°，材料所受弯曲应力较小。

（2）迂回形布管：产生的温度通常一端高一端低，布管时管路需要弯曲 180°，材料所受应力较大，适合在较狭小的空间内采用。

迂回形布管

（3）混合布管：当户型比较复杂时，可综合以上两种布管式，采用混合布管。

5. 施工流程

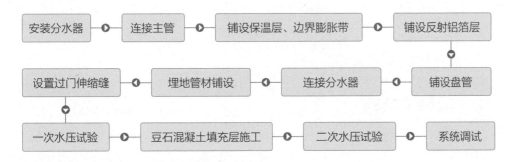

6. 施工重点

（1）分集水器应牢固：将分集水器用 4 个膨胀螺栓水平固定在墙面上，安装要牢固。边角保温板沿墙粘贴专用乳胶，要求粘贴平整，搭接严密。底层保温板缝处要用胶粘贴牢固，上面需铺铝箔纸或粘一层带坐标分格线的复合镀铝聚酯膜。

（2）钢丝网铺设有要求：安装地暖需要在铝箔纸上铺设一层 φ2 钢丝网，间距为 100mm×100mm，规格为 2m×1m，铺设要严整严密，钢网之间用扎带捆扎，不平或翘曲的部位使用钢钉固定在楼板上。

（3）长于 6m 应设伸缩缝：地暖管要用管卡固定在苯板上，固定点间距不大于 500mm，大于 90°的弯曲管段的两端和中点均应固定。地暖安装工程的施工长度超过 6m，一定要留伸缩缝，防止因热胀冷缩导致地暖龟裂而影响供暖效果。

（4）安装完成应试压：地暖安装完成后，先检查加热管有无损伤、间距是否符合设计要求，然后进行水压试验。试验压力为工作压力的 1.5~2 倍，但不小于 0.6MPa，稳压 1h 内压力降不大于 0.05MPa，且不渗不漏为合格。地暖管验收合格后，回填细石混凝土。

（5）混凝土填充层施工。

地暖加热管安装完毕且水压试验合格后 48h 内应完成混凝土填充层施工。填充层一般为豆石混凝土，石子粒径不应大于 10mm，水泥砂浆体积比不小于 1：3, 混凝土强度等级不小于 C15，平整度不大于 3mm。施工中，加热管内水压不应低于 0.6MPa。严禁使用机械振捣设备，施工人员应穿软底鞋，采用平头铁锹。

7. 地暖的调试

（1）未经调试严禁直接使用。地暖系统如果未经调试，是严禁运行使用的。其调试运行，应在具备正常供热和供电的条件下进行。

（2）待填充层干透再进行调试。初次运行调试时间必须是在混凝土填充层的养护周期结束、填充层完全自然干燥后进行。

（3）升温应平缓、逐渐增加温度。初次供暖升温应平缓，供水温度应控制在比当时环境温度高10℃左右，且不应高于32℃。在这个水温下，连续运行48h；以后每隔24h水温升高3℃，直至达到设计供水温度。同时应对每组分、集水器连接的加热管进行调节。

# 十、卫生洁具安装

## （一）洗手盆安装

### 1. 洗手盆安装要求

（1）洗手盆产品应平整无损裂。排水栓应有不小于8mm直径的溢流孔。

（2）排水栓与洗手盆连接时，排水栓溢流孔应尽量对准洗手盆溢流孔，以保证溢流部位畅通，镶接后排水栓上端面应低于洗手盆底。

（3）托架固定螺栓可采用不小于6mm的镀锌开脚螺栓或镀锌金属膨胀螺栓（如墙体是多孔砖，则严禁使用膨胀螺栓）。

洗手盆与坐便器安装示意图

（4）洗手盆与排水管连接后应牢固密实，且便于拆卸，连接处不得敞口。洗手盆与墙面接触部应用硅膏嵌缝。

（5）如洗手盆排水存水弯和水龙头是镀铬产品，在安装时不得损坏镀层。

### 2. 洗手盆安装流程

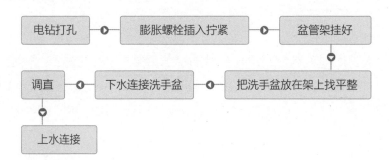

### 3. 洗手盆安装高度

一般来说标准的洗手盆高度为800mm左右，这是从地面到洗手盆的上部来计算的，这个高度就是比较符合人体工学的高度。此外，具体的安装高度还要根据家庭成员的高矮和使用习惯来确定，具体高度要结合实际情况进行适当的调整。

## （二）坐便器安装

### 1. 坐便器安装要求

（1）给水管安装角阀高度一般为地面至角阀中心250mm，如安装连体坐便器应根据坐便器进水口离地高度而定，但不小于100mm，给水管角阀中心一般在污水管中心左侧150mm或根据坐便器实际尺寸定位。

（2）低水箱坐便器水箱应用镀锌开脚螺栓或用镀锌金属膨胀螺栓固定。如墙体是多孔砖则严禁使用膨胀螺栓，水箱与螺母间应采用软性垫片，严禁使用金属硬垫片。

（3）带水箱及连体坐便器水箱后背部离墙应不大于20mm。

（4）坐便器安装应用不小于6mm镀锌膨胀螺栓固定，坐便器与螺母间应用软性垫片固定，污水管应露出地面10mm。

（5）坐便器安装时应先在底部排水口周围涂满油灰，然后将坐便器排出口对准污水管口慢慢地往下压挤密实填平整，再将垫片螺母拧紧，清除被挤出油灰，在底座周边用油灰填嵌密实后立即用回丝或抹布揩擦清洁。

（6）冲水箱内溢水管高度应低于扳手孔30~40mm，以防进水阀门损坏时水从扳手孔溢出。

### 2. 坐便器安装流程

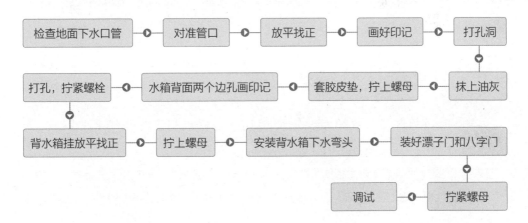

## （三）蹲便器安装

### 1. 蹲器安装要求

（1）安装蹲便器时，先测量产品尺寸，并按尺寸预留安装位。

（2）安装位内采用混合砂浆填充，不可以用水泥安装。水泥的凝结膨胀比较大，容易挤破蹲便器。

（3）在蹲便器的安装面涂抹一层沥青或黄油，使蹲便器与水砂浆隔离，保护产品不被胀裂。

（4）带存水湾的蹲便器，下水管道不应再设置存水湾。反之则应在管道上设置存水湾。

2. 坐便器安装流程

检查通道 ▸ 预摆蹲便器 ▸ 安装进水和水箱 ▸ 固定蹲便器

3. 施工重点

（1）安装进水和水箱，进水管内径 28mm 左右，水箱底部至蹲便器进水口中的距离为 1500~1800mm，如安装管式，手压在 0.2MPa 以上，用水量 9L。

（2）把法兰胶圈套到进水管后，与蹲便器进水对接，然后固定蹲便器安装面，固定安装面时必须用水平尺把蹲便器的前、后、左、右调平，再用玻璃胶或水泥砂浆封好产品排污口与排污管对接口。

4. "蹲便" 改 "坐便"

对于这种需要动结构的改动，而且基本上都是隐蔽工程加专业施工，在改造前，一定要找专业的工人师傅进行操作。

（1）去反水弯。

如果原有的蹲便有反水弯，必须将反水弯去掉。由于坐便本身就有反水弯，如果不在改造的时候去掉这个蹲便反水弯，以后在使用坐便的时候会出现下水不畅的问题，万一堵塞的时候疏通也很麻烦。

（2）查看。

看下水管是否有异物，以及堵塞的东西。

（3）接管。

要将原下水管接出，最好高于地面 20cm，然后用砂浆填上，不要与地面填平。

（4）变径。

非常重要的一步，对于以后将埋入地面以下的部分一定要慎重，必须是新管插入旧管道中，这个道理如同用漏斗倒入小口径瓶子倒水的道理一样，再完美的对接也比不上插入后做密封。

（5）重新定位。

蹲便与坐便的安装位置是不同的，一定要重新定位，确定坐便的孔距与墙面间的距离。

（6）防水。

这是改坐便里最关键的一步，因为拆坐便时破坏了原有的防水层，所以在与原防水层衔接的边缘，包括下水管的根部一定要仔细涂抹上卷至下水管高出地面，待充分干燥后，再涂一遍，确保质量。

（7）八字阀。

坐便的软管和水管连接处要装八字阀，以便于以后维修，防止漏水。

## （四）浴缸安装

### 1. 浴缸安装要求

（1）在安装裙板浴缸时，其裙板底部应紧贴地面，楼板在排水处应预留250~300mm洞孔，便于排水安装，在浴缸排水端部墙体设置检修孔。

（2）其他各类浴缸可根据有关标准或用户需求确定浴缸上平面高度。然后砌两条砖基础后安装浴缸。如浴缸侧边砌裙墙，应在浴缸排水处设置检修孔或在排水端部墙上开设检修孔。

浴缸安装

（3）各种浴缸冷、热水龙头或混合龙头其高度应高出浴缸上平面150mm。安装时应不损坏镀铬层。镀铬罩与墙面应紧贴。

（4）固定式淋浴器、软管淋浴器其高度可按有关标准或按用户需求安装。

（5）浴缸安装上平面必须用水平尺校验平整，不得侧斜。浴缸上口侧边与墙面结合处应用密封膏填嵌密实。

（6）浴缸排水与排水管连接应牢固密实，且便于拆卸，连接处不得敞口。

### 2. 浴缸安装流程

下水安装 ▶ 油灰封闭严密 ▶ 上水安装 ▶ 试平找正

## （五）地漏安装

### 1. 地漏安装要求

地漏是卫生间施工非常重要的一个环节，要特别注意以下几点：

（1）一般新房交房时排水的预留孔都比较大，这就需要注意整修排水预留孔，使其和买回来的地漏吻合。

（2）地漏水封高度要达到50mm，才能不让排水管道内的污气泛入室内。

（3）地漏应低于地面10mm左右，排水流量不能太小，否则容易造成阻塞。

地漏一般为地面最低处

（4）如果安装的是多通道地漏，应注意地漏的进水口不宜过多，如果一个本体就有三四个进水口，不仅影响地漏的排水量，也不符合实际使用需要。一般有两个进水口就可以满足使用需要了。

（5）如果地漏四周很粗糙，则容易挂住头发、污泥，造成堵塞，还特别容易滋生细菌。

（6）地漏箅子的开孔孔径应该在 6~8mm 之间，这样才能有效防止头发、污泥、砂粒等污物进入地漏。

### 2. 深水封地漏

所谓的深水封地漏是在原有防臭地漏的大碗内加装吊碗、水封阀和二次密封塞，从而改善了水封和防臭效果，在清理污物时，只要取出吊碗就可以，在任何情况下，脏物或异物都不会冲进下水管道，避免了下水道堵塞。如果卫浴用两个地漏，淋浴区一个，洗衣机下水一个，洗衣机通常配有专门的地漏，淋浴区最好用深水封地漏。

深水封地漏

## （六）花洒和卫浴间镜子安装高度

（1）浴室花洒安装高度一般是根据使用者身高来决定的，以使用者举手后手指刚好碰到的高度为准。但是，一般家庭成员肯定是高矮不一的，所以标准的高度可以选择在 2m 处安装。

（2）卫浴间镜子的高度要以家里中等身材的人为标准去衡量，一般可以考虑镜子中心到地面1.5m 左右。

家中身材中等的人站在镜子前，他的头顶在整个高度的四分之三处最合适，按这种高度安装的镜子就基本照应到了家里所有成员了。

另外，如果镜子是安装在洗脸盆上方，其底边最好离台面 10~15cm。镜子旁边还可以装个能够前后伸缩的镜子，这样可以方便全方位观察自己。

# 第四章

▼

## 装修木工现场施工

木工一般是在家庭装修中第三个出场，涉及吊顶安装、饰面板安装、门窗制作、家具制作、地板铺装以及其他现场木作等。从根本上讲，木工活虽然并不反映在最终的装饰效果上，但活做得好不好、细不细，却是影响最终装修效果的主要因素。因此，对于木工现场施工，一定要从细部着手，做一项，核查一项，从而保证良好的施工质量。

| 序号 | 房主 | 施工方 |
|---|---|---|
| 1 | 结合设计图纸提出房屋木作造型的要求 | 配合业主敲定施工方案，提出施工办法 |
| 2 | 木工材料着重看环保质量 | 木工废料及时清理，不可堆放在楼道 |
| 3 | 了解木工辅材市场情况 | 吊顶龙骨安装，主龙骨间距不可超过1000mm，副龙骨间距不得超过300mm |
| 4 | 检查龙骨的安装密度是否符合标准 | 木龙骨做弧度造型不能有明显的棱角 |
| 5 | 检查吊顶棱角是否平直，有无明显的磕痕 | 石膏板需整块拼接 |
| 6 | 检查吊顶的平面是否平整，有无波浪纹 | 石膏板的衔接需平整，不能有缝隙和翘边 |
| 7 | 检查墙面木作是否牢固，造型是否符合设计要求 | 灯具处应预留细木工板背板 |
| 8 | 看柜体是否歪扭，固定是否牢固 | 柜体背板与侧板均需使用整块板材 |
| 9 | 手指轻拨收边条，看粘贴是否牢固 | 柜体施工，收边条胶水需涂刷均匀 |
| 10 | 检查柜体气枪钉的钉眼，是否有裸露 | 柜体气枪钉不可裸露在表面 |

1. 学习与掌握吊顶现场施工。

2. 学习与掌握轻质隔墙现场施工。

3. 学习与掌握饰面板现场施工。

4. 了解木地板与地毯现场铺装。

5. 了解门窗现场安装。

6. 学习与掌握现场木作施工。

# 一、吊顶施工

## （一）不同空间吊顶施工要点

### 1. 客厅吊顶厚度

客厅吊顶的厚度需要根据客厅具体的空间尺寸而定。如果客厅的层高在2.5~3m 且不安装中央空调的话，吊顶的厚度一般在 15~20mm。

当然不同的材料，对吊顶厚度的要求也不一样。举例来说，用木龙骨作为客厅吊顶的主要材质的话，吊顶的厚底最低为 5cm；用轻钢龙骨作为客厅吊顶的主要材质的话，吊顶的厚度最低为 8cm。如果安装灯带，那么吊顶的厚度最好在12cm 左右。

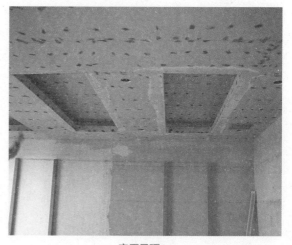

客厅吊顶

### 2. 厨房和卫生间吊顶

卫生间有水汽，厨房有油污，如果不做吊顶，它们会积聚在上述区域顶部，久而久之难看不说，还很难清理干净。即使是采用防水可擦洗的乳胶漆，因为要喷上油污清洁剂，那么这种材料的耐用度也不会持久。由于厨房、卫生间面积通常不大，所以做一个吊顶费用也不是很高。需要安装在吊顶上的设备（如排气扇、浴霸）有了安装位置，橱柜上柜也与吊顶有了结合位置、体现出整体感，当然还有美观、清理方便等优点。作为普通家装而言，厨房和卫生间尽量还是选用铝扣板吊顶或集成吊顶，既防水、防油烟污染又便于拆卸检修。

**TIPS**

### 铝扣板与 PVC 扣板

　　相比较而言，铝扣板吊顶质感和装饰感方面均优于 PVC 扣板吊顶，价格上当然也就略贵一些。

　　（1）铝扣板又称为金属扣板，耐久性强，不易变形、不易开裂，且具有防火、防潮、防腐、抗静电、吸声、隔音、美观、耐用等特点，多用于室内厨房、卫生间的顶面装饰。

　　（2）PVC 扣板又称为塑料扣板，具有轻质、隔热、保温、防潮、阻燃、施工简便、耐腐蚀、易清洗消毒、坚固性能和耐冲击性能高、防水、不渗水、无毒、防霉变、牢固不脱落、便宜等特点，也多用于室内厨房、卫生间的顶面装饰。

铝扣板吊顶

### 3. 阳台吊顶材料选用

　　（1）防潮保温材料：阳台吊顶最基本的要求就是防潮、保温，不论选择何种材质的阳台吊顶材料，都要注意防潮、防霉和防开裂。

　　（2）塑钢扣板：塑钢扣板具有重量轻、不易变形、防水防火、防虫蛀、无毒无味、永不腐蚀、坚固耐用的特点，而且拼装方便、成本低、装饰效果好。

　　（3）木材：采用木材吊顶板制作的吊顶，可分为板条吊顶和板材吊顶两种。板条吊顶由吊木和小梁等组成的木龙骨及钉于龙骨上的灰板条构成，多用于坡屋顶的顶面。板材吊顶是将层合板或纤维板安装于木龙骨上，在板材上可配以木线和木饰，最后进行油漆涂刷，能够做成复杂形状的吊顶。木吊顶具有寿命长，耐湿性好和易清洁的优势，缺点是易燃和造价较高。

　　（4）石膏板：石膏板的特点就是加工简单，形式丰富，可以任意安排它们的形状、排列方式、大小、颜色，这种凹凸的造型能够使阳台顶面显得错落有致，光影生动。

## （二）吊顶现场施工要求与注意事项

### 1. 吊顶施工基本要求

　　（1）如果吊顶不顺直等质量问题较严重，就一定要拆除返工。如果情况不是十分严重，则可利用吊杆或吊筋螺栓调整龙骨的拱度，或者对于膨胀螺栓或射钉的松动、脱焊等造成的不顺直，采取补钉、补焊的措施。

　　（2）如果木龙骨吊顶龙骨的拱度不均匀，可利用吊杆或吊筋螺栓的松紧调整龙骨的拱度。如果吊杆被钉劈而使节点松动时，必须将劈裂的吊杆更换。如果吊顶龙骨的接头有硬弯时，应将硬弯处的夹板起掉，调整后再钉牢。

（3）吊平顶要求安装牢固，不松动，表面平整，因此在吊平顶封板前，必须对吊点、吊杆、龙骨的安装进行检查。凡发现吊点松动，吊杆弯曲，吊杆歪斜，龙骨松动、不平整等情况的应督促施工人员进行调整。

（4）如吊平顶内铺设电气管线、给排水、空调管线等时，必须待其安装完毕、调试符合要求后再封罩面板，以免施工踩坏平顶而影响平顶的平整。

（5）罩面板安装后应检查其是否平整，一般以观察、手试方法检查，必要时可拉线、尺量检查其平整情况。

2. 龙骨架设

龙骨架设是指在房屋装修过程中所进行的龙骨的造型、安装、龙骨表层修饰等分项工程。主要施工环节有主副龙骨安装、石膏板固定、石膏板表层装饰等。

吊顶施工

（1）龙骨架设工期：龙骨架设工期视龙骨架设实际工程量而定，一般中小户型工期应在 5~10 天。

（2）主龙骨：主龙骨是指在吊顶中的主要承重龙骨。主龙骨的主要作用是承受吊顶的主要重力，并为副龙骨的架设提供受力面。

（3）副龙骨：副龙骨指在吊顶承重上分散承重的龙骨。副龙骨的主要作用是分散吊顶承重受力面，并为石膏板的安装提供受力面。

（4）石膏板固定：石膏板是指材质为石膏的吊顶装饰材料，石膏板的固定是指将石膏板按照龙骨造型进行架设、安装和固定。

（5）石膏板表层装饰：石膏板表层装饰是指对已完成安装的石膏板进行表层处理，一般包括石膏板之间缝隙的处理；石膏板表层螺钉裸露部分的防水处理；石膏板表层腻子、乳胶漆的涂刷等。

3. 吊顶材质要求

（1）现在室内装修吊顶工程中，大多采用的是悬挂式吊顶，首先要注意材料的选择；再者就要严格按照施工规范操作，安装时，必须位置正确，连接牢固。用于吊顶、墙面、地面的装饰材料应是不燃或难燃的材料，木质材料属易燃型，因此要做防火处理。吊顶里面一般都要铺设照明、空调等电气管线，应严格按规范作业，以避免留下火灾隐患。

（2）厨房、卫浴吊顶宜采用金属、塑料等材质：卫浴是沐浴洗漱的地方，厨房要烧饭炒菜，尽管安装了抽油烟机和排风扇，但仍然无法把蒸汽全部排掉，易吸潮的饰面板或涂料就会出现变形和脱皮。因此要选用不吸潮的材料，一般宜采用金属或塑料扣板，如采用其他材料吊顶应采用防潮措施，如刷油漆等。

（3）玻璃或灯箱吊顶要使用安全玻璃：用色彩丰富的彩花玻璃、磨砂玻璃做吊顶很有特色，在家居装饰中应用也越来越多，但是如果用料不当，很容易发生安全事故。为了使用安全，在吊顶和其他易被撞击的部位应使用安全玻璃。目前，我国规定钢化玻璃和夹胶玻璃为安全玻璃。

4. 吊顶施工注意事项

（1）首先应在墙面弹出标高线、造型位置线、吊挂点布局线和灯具安装位置线。在墙的两端固定压线条，用水泥钉与墙面固定牢固。依据设计标高，沿墙面四周弹线，作为顶棚安装的标准线，其水平允许偏差为 ±5mm。

（2）遇藻井式吊顶时，应从下固定压条，阴阳角用压条连接。注意预留出照明线的出口。吊顶面积大时，应在中间铺设龙骨。

（3）吊点间距应当复验，一般不上人吊顶为 1200～1500mm，上人吊顶为 900~1200mm。

（4）木龙骨安装要求保证没有劈裂、腐蚀、虫眼、死节等质量缺陷；规格为截面长30~40mm，宽 40~50mm，含水率低于 10%。

（5）采用藻井式吊顶时，如果高差大于 300mm，则应采用梯层分级处理。龙骨结构必须坚固，大龙骨间距不得大于 500mm。龙骨固定必须牢固，龙骨骨架在顶、墙面都必须有固定件。木龙骨底面应抛光刮平，截面厚度一致，并应进行阻燃处理。

（6）面板安装前应对安装完的龙骨和面板板材进行检查，板面平整，无凹凸，无断裂，边角整齐。安装饰面板应与墙面完全吻合，有装饰角线的可留有缝隙，饰面板之间接缝应紧密。

（7）吊顶时应在安装饰面板时预留出灯口位置。饰面板安装完毕，还需进行饰面的装饰作业，常用的材料为乳胶漆及壁纸，其施工方法同墙面施工。

### 顶面开灯洞是由木工还是电工开？

用专业的术语来说这是配合工程，也就是说要两者都在、配合着做这些事，或者至少灯具在，木工能看懂安装位置，开孔因为涉及吊顶结构，有些还要加固，当然需要木工来开，木工开孔水平也好。

吊顶施工中穿线

## （三）木龙骨罩面板吊顶施工

### 1. 确认施工条件

（1）顶面各种管线及通风管道均安装完毕并办理手续。

（2）直接接触结构的木龙骨应预先刷防腐漆。

（3）吊顶房间需完成墙面及地面的湿作业和台面防水等工程。

（4）搭好吊顶施工操作平台架。

罩面板固定

### 2. 准备施工材料

（1）木料：木材骨架料应为烘干，笔直的红白松树种，不得使用黄花松。木龙骨规格按设计要求，如设计无明确规定时，大龙骨规格为 50mm×70mm 或 50mm×100mm，小龙骨规格为 50mm×50mm 或 40mm×60mm，吊杆规格为 50mm×50mm 或 40mm×40mm。

（2）罩面板材及压条：严格掌握材质及规格标准。

（3）其他材料：圆钉、Φ6 螺栓或 Φ8 螺栓、射钉、膨胀螺栓、胶粘剂、木材防腐剂和 8 号镀锌钢丝。

### 3. 施工流程

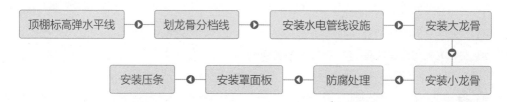

### 4. 施工重点

安装大龙骨：将预埋钢筋弯成环形圆钩，穿 8 号镀锌钢丝或用 φ6~φ8 螺栓将大龙骨固定，并保证其设计标高。吊顶起拱按设计要求，设计无要求时一般为房间跨度的 1/300~1/200。

安装小龙骨：

（1）小龙骨底面刨光、刮平、截面厚度应一致。

（2）小龙骨间距应按设计要求，设计无要求时，应按罩面板规格决定，一般为 400~500mm。

（3）按分档线先定位安装通长的两根边龙骨，拉线后各根龙骨按起拱标高，通过短吊杆将小龙骨用圆钉固定在大龙骨上，吊杆要逐根错开，吊钉不得在龙骨的同一侧面上。通长小龙骨对接接头应错开，采用双面夹板用圆钉错位钉牢，接头两侧各钉两个钉子。

（4）安装卡档小龙骨：按通长小龙骨标高，在两根通长小龙骨之间，根据罩面板材的分块尺寸和接缝要求，在通长小龙骨底面横向弹分档线，以底找平钉固卡档小龙骨。

（5）防腐处理：顶棚内所有露明的铁件，钉罩面板前必须刷防腐漆，木骨架与结构接触面应进行防腐处理。

（6）安装管线设施：在弹好顶棚标高线后，应进行顶棚内水、电设备管线安装，较重吊物不得吊于顶棚龙骨上。

（7）安装罩面板：罩面板与木骨架的固定方式用木螺钉拧固法。

**固定罩面板的方式**

（1）木骨架的制作应准确测量顶面尺寸。

（2）龙骨应进行精加工，表面刨光，接口处开槽，横、竖龙骨交接处应开半槽搭接，并应进行阻燃剂涂刷处理。

（3）其他要点与轻钢龙骨石膏板吊顶一致。

## （四）轻钢龙骨石膏板吊顶施工

### 1. 确认施工条件

（1）结构施工时，应在现浇混凝土楼板或预制混凝土楼板缝，按设计要求间距，预埋 $\phi6\sim\phi10$ 钢筋混吊杆，设计无要求时按大龙骨的排列位置预埋钢筋吊杆，一般间距为 900~1200mm。

（2）当吊顶房间的墙柱为砖砌体时，应在吊顶的标高位置沿墙和柱的四周，砌筑时预埋防腐木砖，沿墙间距为 900~1200mm，每边应埋设木砖两块以上。

轻钢龙骨吊顶

（3）安装完顶面各种管线及通风道，确定好灯位、通风口及各种露明孔口位置。

（4）各种材料全部配套备齐。

（5）吊顶罩面板安装前应做完墙面和地湿作业工程项目。

（6）搭好吊顶施工操作平台架子。

（7）轻钢骨架吊顶在大面积施工前，应做样板间。对吊顶的起拱度、灯槽、通风口的构造处理，分块及固定方法等应当经试装并经鉴定认可后方可大面积施工。

2. 准备施工材料

（1）轻钢骨架分"U"形骨架和 T 形骨架两种，并按荷载分上人和不上人。

（2）轻钢骨架主件为大、中、小龙骨；配件有吊挂件、连接件、挂插件等。

（3）零配件：吊杆、花篮螺钉、射钉、自攻螺钉等。

（4）可选用各种罩面板、铝压缝条或塑料压缝条。

3. 施工流程

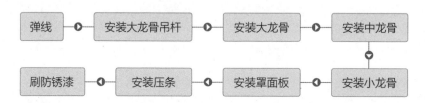

4. 施工重点

（1）安装大龙骨：在大龙骨上预先安装好吊挂件；将组装吊挂件的大龙骨，按分档线位置使吊挂件穿入相应的吊杆螺母，拧好螺母；采用射钉固定，设计无要求时射钉间距为1000mm。

（2）安装中龙骨：中龙骨间距一般为 500~600mm。

（3）当中龙骨长度需多根延续接长时，用中龙骨连接件，在吊挂中龙骨的同时相连，调直固定。

（4）安装小龙骨：小龙骨间距一般在 500~600mm；当采用 T 形龙骨组成轻钢骨架时，小龙骨应在安装罩面板时，每装一块罩面板先后各装一根卡档小龙骨。

（5）刷防锈漆：轻钢骨架罩面板顶棚，焊接处未做防锈处理的表面（如预埋，吊挂件，连接件，钉固附件等），在交工前应刷防锈漆。

**木龙骨和轻钢龙骨哪个好？**

　　木龙骨和轻钢龙骨都是做吊顶时做基底的材料，相对来说，轻钢龙骨抗变形性能较好，坚固耐用，但是由于轻钢龙骨是金属材质，因此，在做复杂吊顶造型的时候不易施工。木龙骨适于做复杂造型吊顶，但是木龙骨如果风干不好容易变形、发霉。

　　因此在做简单直线吊顶的时候用轻钢龙骨比较好，在做复杂艺术吊顶的时候，可以将轻钢龙骨与木龙骨结合起来使用。

# 二、轻质隔墙施工

## （一）轻钢龙骨与木龙骨隔墙施工

### 1. 准备施工材料

骨架隔墙使用金属的型材材料和木材材料来做龙骨的，并且在龙骨的两边用不同材料的板材做成罩面板，形成一种墙体。

（1）轻钢龙骨是用镀锌钢带或薄钢板轧制经冷弯或冲压而成的。墙体龙骨由横龙骨、竖龙骨及横撑龙骨和各种配件组成，有 50、75、100 和 150 四个系列。

（2）木龙骨，通俗点讲就是木条。一般来说，只要是需要用骨架进行造型布置的部位，都有可能用到木龙骨。

### 2. 现场施工要求

（1）墙位放线应沿地、墙、顶弹出隔墙的中心线及宽度线，宽度线应与隔墙厚度一致，位置应准确无误。

（2）轻钢龙骨的端部应安装牢固，龙骨与基体的固定点间距不应大于 1000mm。安装沿地、沿顶木楞时，应将木楞两端伸入砖墙内至少 120mm，以保证隔断墙与墙体连接牢固。

轻钢龙骨隔墙

（3）安装竖向龙骨应垂直，潮湿的房间和钢板网抹灰墙，龙骨间距不宜大于 400mm。安装支撑龙骨时，应先将支撑卡安装在竖向龙骨的开口方向，卡距在 400~600mm 为宜，距龙骨两端的距离宜为 20~25mm。安装贯通系列龙骨时，低于 3000mm 的隔墙应安装一道，3000~5000mm 高的隔墙应安装两道。如果饰面板接缝处不在龙骨上时，应加设龙骨固定饰面板。

（4）木龙骨骨架横、竖龙骨宜采用开半榫、加胶、加钉连接。安装饰面板前，应对龙骨进行防火处理。

（5）安装纸面石膏板饰面宜竖向铺设，长边接缝应安装在竖龙骨上。龙骨两侧的石膏板及龙骨一侧的双层板的接缝应错开安装，不得在同一根龙骨上接缝。轻钢龙骨应用自攻螺钉固定，木龙骨应用木螺钉固定，沿石膏板周边钉间距不得大于 200mm，钉与钉间距不得大于 300mm，螺钉与板边距离应为 10~15mm。安装石膏板时应从板的中部向板的四边固定。钉头略埋入板内，但不得损坏纸面。钉眼应进行防锈处理。石膏板与周围墙或柱应留有 3mm 的槽口，以便进行防开裂处理。

（6）安装胶合板饰面前应对板的背面进行防火处理。胶合板与轻钢龙骨的固定应采用自攻螺钉，与木龙骨的固定采用圆钉时，钉距宜为 80~150mm，钉帽应砸扁；采用射钉枪固定时，钉距宜为 80~100mm，阳角处应做护角；用木压条固定时，固定点间距不应大于 200mm。

### 3. 轻钢龙骨隔墙施工流程

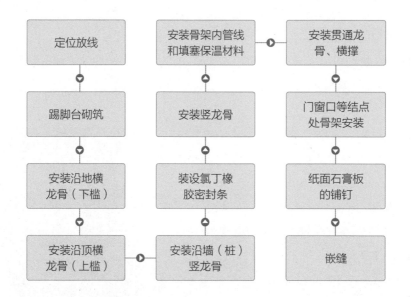

### 4. 木龙骨隔墙施工流程

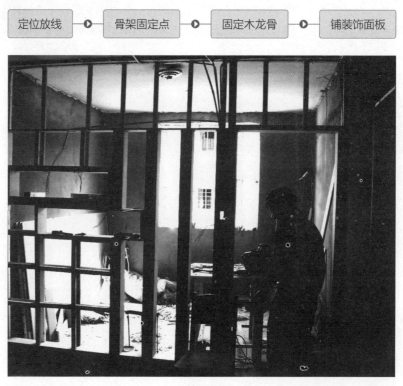

木龙骨隔墙

5. 施工重点

（1）安装沿地龙骨：如沿地龙骨安装在踢脚板上，应等踢脚板养护到期达到设计强度后，在其上弹出中心线和边线上安装。其地龙骨固定，如已预埋木砖，则将地龙骨用木螺钉钉结在木砖上。如无预埋木砖，则用射钉进行固结，或先钻孔后用膨胀螺栓进行连接固定。

（2）安装横贯横撑龙骨：根据施工规范的规定，低于 3m 的隔墙安装一道横贯横撑龙骨。3~5m 的隔墙应安装两道。装设支撑卡时，卡距应为 400~600mm，距龙骨两端的距离为 20~25mm。对非支撑卡系列的竖龙骨，横贯横撑龙骨的稳定可在竖龙骨非开口面采用角托，以抽芯铆钉或自攻螺钉将角托与竖龙骨连接并托住横贯横撑龙骨。

## （二）板材隔墙施工

1. 施工要求

（1）墙位放线应准确、清晰。隔墙上下基层应平整、牢固。

（2）板材隔墙安装拼接应符合装修设计和产品构造要求，安装时应采用简易支架。

（3）所用的金属件应进行防腐处理，所用拼接芯材应符合防火要求。

（4）在板材隔墙上开槽、打孔应使用云石机切割或电钻钻孔，不得直接剔凿和用力敲击。

2. 泰柏板、GRC 复合墙板施工

（1）施工流程。

（2）施工重点。

1）安装：在主体结构墙面中心线和边线上，每隔 500mm 钻 φ6 孔，压片，一侧用长度 350~400mm φ6 钢筋码，钻孔打入墙体内，泰柏板靠钢筋码就位后，将另一侧 φ6 钢筋码以同样的方法固定，夹紧泰柏板，两侧钢筋码与泰柏板横筋绑扎。泰柏板与墙、顶、地拐角处，应设置加强角网，每边搭接不少于 100mm（网用胶黏剂点粘），埋入抹灰砂浆内。

泰柏板隔墙

2）隔墙抹灰：先在隔墙上用1∶2.5水泥砂浆打底，要求全部覆盖钢丝网，表面平整，抹实48小时后用1∶3的水泥砂浆罩面，压光。抹灰层总厚度为20mm，先抹隔墙的一面，48小时后抹另一面。抹灰层完工后，3天内不得受任何撞击。

3. 石膏复合板隔墙施工

（1）施工流程。

（2）施工重点。

1）墙基施工：墙基施工前，楼地面应进行毛化处理，并用水湿润，现浇墙基混凝土。

2）安装：复合板安装时，在板的顶面、侧面和板与板之间，均匀涂抹一层胶黏剂，然后上、下顶紧，侧面要严实，缝内胶黏剂要饱满。板下面塞木楔，一般不撤除，但不得露出墙外。

石膏复合板隔墙

4. 石膏空心条板隔墙施工

（1）施工流程。

（2）施工重点。

1）安装：从门口通天框开始进行墙板安装，安装前在墙板的顶面和侧面刷涂水泥素浆胶黏剂，然后先推紧侧面，再顶牢顶面，板下侧1/3处垫木楔，并用靠尺检查垂直、平整度。踢脚线施工时，用108胶水泥浆刷至踢脚线部位，初凝后用水泥砂浆抹实压光。饰面可根据设计要求，做成喷涂油漆或贴墙纸等饰面层。也可用108胶水泥浆刷涂一道，抹一层水泥混合砂浆，再用纸筋灰抹面，再喷涂色浆或涂料。

2）嵌缝：板缝用石膏腻子处理，嵌缝前先刷水湿润，再嵌抹腻子。

石膏空心条板隔墙

# 三、饰面板安装

## （一）木质饰面板安装

### 1. 准备施工材料

木质饰面板安装所涉及的种类有胶合板、薄木贴面板、防火板、木龙骨等。

（1）薄木贴面板是胶合板的一种，是新型的高级装饰材料，利用珍贵木料如紫檀木、花樟、楠木、柚木、水曲柳、榉木、胡桃木、影木等通过精密刨切制成厚度为 0.2~0.5 mm 的微薄木片，再以胶合板为基层，采用先进的胶粘剂和黏结工艺制成。

（2）防火板又称耐火板，是由表层纸、色纸、多层牛皮纸和基材构成的，基材是刨花板。表层纸与色纸经过三聚氰胺树脂成分浸染，经干燥后叠合在一起，在热压机中通过高温高压制成。使防火板具有耐磨、耐划等物理性能。多层牛皮纸使耐火板具有良好的抗冲击性、柔韧性。

### 2. 现场施工要求

（1）饰面板到达施工现场后，存放于通风、干燥的室内，切记注意防潮。在装修使用前需用细砂纸清洁（或气压管吹）其表面灰尘、污垢，出厂面板表面砂光良好的，只需用柔软羽毛掸子清除灰尘污垢。

（2）用硝基清漆油刷饰面板表面，每油刷完一次，待 30~60 分钟以上硝基清漆干透后用砂纸再打磨饰面板，然后继续刷第二次底漆，再打磨，依次类推，在进行饰面板施工前，最少完成三次底漆施工，不能用不合格的油漆。

（3）完成饰木施工后，再刷两次底漆，然后对钉孔进行补灰施工，要求在 1m 视线内看不到钉孔（有些装修公司已经采用在贴面板底层涂强力胶水胶合的方法代替打钉，达到更佳的装饰效果，也减免了装修中钉孔补灰的工艺，但装饰成本略高）。

钉孔补灰

（4）补灰工作完成后，继续油刷 5 次底漆，其间每油刷一次，都须用砂纸打磨饰面，然后对局部显眼钉孔再调色修补。

（5）完成施工后，用清水进行饰面打磨 2~3 次，直至看不到明显油刷痕迹为止。

（6）最后进行 3 次硝基面漆施工，用于保护饰面和提高光滑度。

（7）对完工的贴面板，用纸皮进行保护。不适合在阳光直射及潮湿、干燥（如空调出风口正对面，暖气罩旁等）的地方使用，否则，面板会出现发霉、变色、开裂等。

3. 施工流程

4. 施工重点

（1）拼装骨架：木墙身的结构一般情况下采用 25mm×30mm 的木方。先将木方排放在一起刷防火涂料及防腐涂料，然后分别加工出凹槽榫，在地面上进行拼装成木龙骨架。其方格网规格通常是 300mm×300mm 或 400mm×400mm。对于面积较小的木墙身，可在拼成木龙骨架后直接安装上墙；对于面积较大的木墙身，则需要分几片分别安装上墙。

（2）打木楔：用 $\phi 16$~ $\phi 20$ 的冲击钻头在墙面上弹线的交叉点位置钻孔，孔距为 600mm 左右，深度不小于 60mm。钻好孔后，随即打入经过防腐处理的木楔。

（3）安装木龙骨架：先立起木龙骨靠在墙上，用吊垂线或水准尺找垂直度，确保木墙身垂直。用水平直线法检查木龙骨架的平直度。当垂直度和平直度都达到要求后，即可用钉子将其钉在木楔上。

（4）铺钉罩面板：按照设计图纸将罩面板按尺寸裁割、刨边。用 15mm 枪钉将罩面板固定在木龙骨架上。如果用铁钉则应使钉头砸扁埋入板内 1mm，且要布钉均匀，间距在 100mm 左右。

木质饰面板装饰效果

## （二）金属饰面板安装

### 1. 准备施工材料

金属饰面板施工所用到的材料主要有铝合金装饰板、铝塑板、不锈钢装饰板、彩色涂层钢板、各配件材料等。

### 2. 现场施工要求

（1）金属饰面板、骨架及其材料入场后，应存入库房内码放整齐，上面不得放置重物。露天存放应进行覆盖。保证各种材料不变形、不受潮、不生锈、不被污染、不脱色、不掉漆。

（2）金属饰面板必须在墙柱内各专业管线安装完成，试水、保温等全部检验合格后再进行安装。

（3）加工、安装过程中，铝板保护膜如有脱落要及时补贴。加工操作台上需铺一层软垫，防止划伤金属饰面板。

（4）在安装骨架连接件时，应做到定位准确、固定牢固，避免因骨架安装不平直、固定不牢固，引起板面不平整、接缝不齐平等问题。

（5）嵌缝前应注意板缝清理干净，并保证干燥。板缝较深时应填充发泡材料棒（条），然后注胶，防止因板缝不洁净造成嵌缝胶开裂、雨水渗漏。

（6）嵌注耐候密封胶时，注胶应连续、均匀、饱满，注胶完后应使用工具将胶表面刮平、刮光滑。避免出现胶缝不平直、不光滑、不密实现象。

（7）金属饰面板排版分格布置时，应根据深化设计规格尺寸并与现场实际尺寸相符合，兼顾门、窗、设备、箱盒的位置，避免出现阴阳板、分格不均等现象，影响金属饰面板整体观感效果。

（8）施工现场必须做到活完脚下清。清扫时应洒水湿润，避免扬尘。废料及垃圾应及时清理分类装袋，集中堆放，定期消纳。

### 3. 施工流程

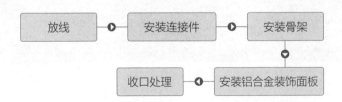

### 4. 施工重点

（1）放线：在主体结构上按设计图纸的要求准确地弹出骨架安装的位置，并详细标注固定件的位置。如果作业面的面积比较大，龙骨应横竖焊接成网架，放线时应根据网架的尺寸弹放。同时也应对主体结构尺寸进行校对，如发现较大的误差应及时进行修补。

（2）安装连接件：通常情况下采用膨胀螺栓来固定连接件，其优点是尺寸误差小，容易保证准确度。同时连接件也可采用与结构上的预埋件焊接。而对于木龙骨架则可采用钻孔、打木楔的方法。

（3）安装骨架：骨架可采用型钢骨架、轻钢和铝合金型材骨架。骨架与连接件的固定可采用螺栓或焊接的方法，并且在安装中随时检查标高及中心线的位置。另外，所有骨架的表面必须做防锈、防腐处理，连接焊缝也必须涂防锈漆。

（4）安装铝合金装饰面板：通常情况下采用抽芯铝铆钉来固定铝合金装饰面板，其中间必须垫橡胶垫圈，抽芯铝铆钉间距在 100~150mm，用锤子钉在龙骨上；如采用螺钉固定时，应先用电钻在拧螺钉的位置上钻一个孔，再用自攻螺钉将铝合金装饰面板固牢；如采用木骨架时，可直接用木螺钉将铝合金装饰板钉在木龙骨上。

（5）收口处理：在压顶、端部、伸缩缝和沉降缝的位置上进行收口处理，一般采用铝合金盖板或槽钢盖板缝盖，以满足装饰效果。

金属饰面板装饰效果

# 四、木地板铺装

1.确认施工条件

（1）铺装木地板要等吊顶和内墙面的装修施工完毕，门窗和玻璃全部安装完好后进行。

（2）按照设计要求，事先把要铺设地板的基层做好（大多是水泥地面），基层表面应平整、光洁、不起尘，含水率不大于 8%。安装前应清扫干净，必要时在其面上涂刷绝缘脂或油漆。房间平面如果是矩形，其相邻墙体必须相互垂直。

（3）铺装地板面层，必须待室内各项工程完工和超过地板面承载的设备进入房间预定位置之后，方可进行，不得交叉施工；也不得在房间内加工。相邻房间内部也应全部完工。

（4）铺装地板面层前，要检查核对地面面层标高，应符合设计要求。将室内四周的墙画出面层标高控制水平线。

（5）大面积铺装前，应先放出施工大样，经检查合格后按标准要求施工。

2.准备施工材料

（1）地板铺设施工所使用的主要材料有各种类别的木地板、毛地板、木格栅、垫木、撑木、胶粘剂、处理剂、橡胶垫、防潮纸、防锈漆、地板漆、地板蜡等。

（2）木地板的类别有实木地板、复合地板和竹木地板等，而目前大多数家庭都选择实木地板或者复合地板作为装修的主要地面材料。

---

**TIPS**

### 木地板和瓷砖哪个好？

1.如果家里有儿童，或来人比较多，那么就用瓷砖，这样比较好打理，也比较耐磨。

2.如果从经济条件来看，想节省一些，或只是临时住几年，那么就建议用复合地板。

3.如果平时打理时间比较多，可以考虑地板，如果平时比较忙，推荐地砖，好打理。

到底是地砖还是地板，还要看装修风格，如果是比较现代、欧美的风格，那么用地砖，反之用地板。一般情况下，从设计而言，地砖要略胜一筹！

木地板或地砖

---

3.木地板铺设现场施工要求

（1）实铺地板要先安装地龙骨，然后再进行木地板的铺装。

（2）龙骨的安装应先在地面做预埋件，以固定木龙骨，预埋件为螺栓及铅丝，预埋件间距为800mm，从地面钻孔下入。

（3）实铺实木地板应有基面板，基面板使用大芯板。

（4）木地板铺装完成后，先用刨子将表面刨平刨光，将木地板表面清扫干净后涂刷地板漆，进行抛光上蜡处理。

（5）所有木地板运到施工安装现场后，应拆包在室内存放一个星期以上，使木地板与居室温度、湿度相适应后才能使用。

（6）木地板安装前应进行挑选，剔除有明显质量缺陷的不合格品。将颜色花纹一致的铺在同一房间，有轻微质量缺欠但不影响使用的，可摆放在床、柜等家具底部使用，同一房间的板厚必须一致。购买时应按实际铺装面积增加10%的损耗，一次购买齐备。

木地板龙骨铺设

（7）铺装木地板的龙骨应使用松木、杉木等不易变形的树种，木龙骨、踢脚板背面均应进行防腐处理。

（8）铺装实木地板应避免在大雨、阴雨等气候条件下施工。施工中最好能够保持室内温度、湿度的稳定。

（9）同一房间的木地板应一次铺装完，因此要备有充足的辅料，并要及时做好成品保护，严防油渍、果汁等污染表面。安装时挤出的胶液要及时擦掉。

（10）木地板粘贴式铺贴要确保水泥砂浆地面不起砂、不空裂，基层必须清理干净。

（11）基层不平整应用水泥砂浆找平后再铺贴木地板。基层含水率不大于15%。

（12）粘贴木地板涂胶时，要薄且均匀。相邻两块木地板高差不超过1mm。

4. 实木地板铺设

（1）实铺法实木地板施工流程。

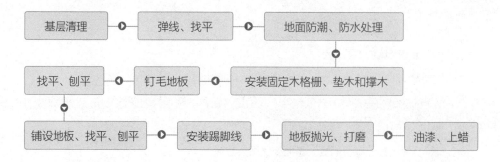

（2）空铺法实木地板施工流程。

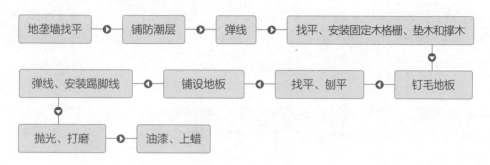

（3）施工重点。

1）基层清理：实铺法施工时，要将基层上的砂浆、垃圾、尘土等彻底清理干净；空铺法施工时，地垄墙内的砖头、砂浆、灰屑等应全部清理干净。

2）实铺法安装固定木格栅、垫木：当基层锚件为预埋螺栓时，在格栅上画线钻孔，与墙之间注意留出30mm的缝隙，将格栅穿在螺栓上，拉线，用直尺找平格栅上平面，在螺栓处垫调平垫木；

木地板铺设

当基层预埋件为镀锌钢丝时，格栅按线铺上后，拉线，将预埋钢丝把格栅绑扎牢固；调平垫木，应放在绑扎钢丝处。锚固件不得超过毛地板的底面。垫木宽度不少于5mm，长度是格栅底宽的1.5~2倍。

3）空铺法安装固定木格栅、垫木：在地垄墙顶面，用水准仪找平、贴灰饼，抹1∶2水泥砂浆找平层。砂浆强度达到15MPa后，干铺一层油毡，垫通长防腐、防蛀垫木。按设计要求，弹出格栅线。铺钉时，格栅与墙之间留30mm的空隙。将地垄墙上预埋的10号镀锌钢丝绑扎格栅。格栅调平后，在格栅两边钉斜钉子与垫木连接。格栅之间每隔800mm钉剪刀撑木。

4）钉毛地板：毛地板铺钉时，木材髓心向上，接头必须设在格栅上，错缝相接，每块板的接头处留2~3mm的缝隙，板的间隙不应大于3mm，与墙之间留8~12mm的空隙。然后用63mm的钉子钉牢在格栅上。板的端头各钉两颗钉子，与格栅相交位置钉一颗钉帽砸扁的钉子。并应冲入地板面2mm，表面应刨平。钉完，弹方格网点找平，边刨平边用直尺检测，使表面同一水平度与平整度达到控制要求后方能铺设地板。

5）安装踢脚线：先在墙面上弹出踢脚线上的上口线，在地板面弹出踢脚线的出墙厚度线，用50mm钉子将踢脚线上下钉牢再嵌入墙内的预埋木砖上。值得注意的是，墙上预埋的防腐木砖，应突出墙面与粉刷面齐平。接头锯成45°斜口，接头上下各钻两个小孔，钉入钉帽打扁的铁钉，冲入2~3mm。

6）抛光、打磨：抛光、打磨是地板施工中的一道细致工序，因此，必须机械和手工结合操作。抛光机的速度要快，磨光机的粗细砂布应根据磨光的要求更换，应顺木纹方向抛光、打磨，其磨削总量控制在0.3~0.8mm。凡抛光、打磨不到位或粗糙之处，必须手工细刨、细砂纸打磨。

7）油漆、打蜡：地板磨光后应立即上漆，使之与空气隔断，避免湿气侵袭地板。先满批腻子两遍，用砂纸打磨洁净，再均匀涂刷地板漆两遍。表面干燥后，打蜡、擦亮。

**铺实木地板要不要用龙骨？**

在铺实木地板时，要不要用龙骨，要根据具体情况来决定：原地面存在不平整或未抹找平层的情况下选择木龙骨，这种做法比较节省费用；如果地面基层很好的话，也可以不做木龙骨，但需要做好防潮处理。

5. 复合地板铺设

（1）复合地板施工流程。

基层清理 ▶ 铺地垫 ▶ 装地板 ▶ 安装踢脚线

（2）施工重点。

1）铺地垫：在基层表面上，先满铺地垫，或铺一块装一块，接缝处不得叠压。接缝处也可采用胶带黏结，衬垫与墙之间应留10~12mm空隙。

2）装地板：复合地板铺装可从任意处开始，不限制方向。顺墙铺装复合地板，有凹槽口的一面靠着墙，墙壁和地板之间留出空隙10~12mm，在缝内插入与同间距同厚度的木条。铺第一排锯下的端

复合地板铺设

板，用作第二排地板的第一块。以此类推。最后一排通常比其他的地板窄一些，把最后一块和已铺地板边缘对边缘，量出与墙壁的距离，加8~12mm间隙后锯掉，用回力钩放入最后排并排紧。地板完全铺好后，应停置24小时。

**木地板铺设走向如何确定?**

以客厅的长边走向为准,如果客厅铺木地板,那么以客厅的长边走向为准,其他的房间也跟着同一个方向铺。如果餐厅不铺木地板,那么各个房间可以独立铺设,以各个房间长边走向为准,不需要同一方向。

# 五、地毯铺装

1. 确认施工条件

(1)在地毯铺设之前,室内硬装修必须完毕。

(2)铺设楼面地毯的基层,要求表面平整、光滑、洁净,如有油污,须用丙酮或松节油擦净。

(3)应事先把需铺设地毯的房间、走道等四周的踢脚板做好。踢脚板下口应离开地面8mm左右,以便将地毯毛边掩入踢脚板下。

2. 准备施工材料

(1)地毯的品种、规格、主要性能和技术指标必须符合设计要求。应有出厂合格证明。

(2)胶粘剂:一般采用天然乳胶添加增稠剂、防霉剂等制成的胶粘剂。无毒、不霉、速干、0.5小时之内使用张紧器时不脱缝。

(3)倒刺钉板条:在1200mm×24mm×6mm的三合板条上钉有两排斜钉(间距为35~40mm),还有5个高强钢钉均匀分布在板条上(钢钉间距约400mm,距两端各约100mm)。

(4)铝合金倒刺条:用于地毯端头露明处,起固定和收头作用。多用在外门口或其他材料的地面相接处。

(5)铝压条:宜采用厚度为2mm左右的铝合金材料制成,用于门框下的地面处,压住地毯的边缘,使其免于被踢起或损坏。

3. 现场施工要求

(1)在铺装前必须进行实量,测量墙角是否规方,准确记录各角角度。根据计算的下料尺寸在地毯背面弹线、裁割,以免造成浪费。

(2)地毯铺装对基层地面的要求较高,地面必须平整、洁净,含水率不得大于8%,如已安装好踢脚板,踢脚板下沿至地面间隙应比地毯厚度大2~3mm。

(3)倒刺板固定式铺设沿墙边钉倒刺板,倒刺板距踢脚板8mm。

（4）接缝处应用胶带在地毯背面将两块地毯黏贴在一起，要先将接缝处不齐的绒毛修齐，并反复揉搓接缝处绒毛，至表面看不出接缝痕迹为止。

（5）黏结铺设时刮胶后晾置 5~10 分钟，待胶液变得干黏时铺设。

（6）地毯铺设后，用撑子针将地毯拉紧、张平，挂在倒刺板上。用胶粘贴的地毯铺平后用毡辊压出气泡，防止以后发生变形。将多余的地毯边裁去，清理拉掉的纤维。

地毯辊压

（7）裁割地毯时应沿地毯经纱裁割，只割断纬纱，不割断经纱，对于有背衬的地毯，应从正面分开绒毛，找出经纱、纬纱后裁割。

（8）注意成品保护，用胶粘贴的地毯，24 小时内不许随意踩踏。

4.施工流程

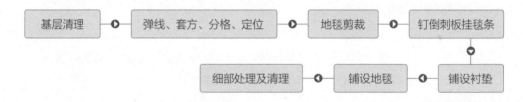

基层清理 ▶ 弹线、套方、分格、定位 ▶ 地毯剪裁 ▶ 钉倒刺板挂毯条

细部处理及清理 ◀ 铺设地毯 ◀ 铺设衬垫

5.施工重点

（1）地毯剪裁：地毯裁剪应在比较宽阔的地方集中统一进行。一定要精确测量房间尺寸，并按房间和所用地毯型号逐个登记编号。然后根据房间尺寸、形状用裁边机裁下地毯料，每段地毯的长度要比房间长出 2cm 左右，宽度要以裁去地毯边缘线后的尺寸计算。弹线裁去边缘部分，然后用手推裁刀从毯背裁切，裁好后卷成卷编上号，放入对号房间里，大面积房厅应在施工地点剪裁拼缝。

（2）钉倒刺板挂毯条：沿房间或走道四周踢脚板边缘，用高强水泥钉将倒刺板钉在基层上（钉朝向墙的方向），其间距约 40cm。倒刺板应离踢脚板面 8~10mm，以便于钉牢倒刺板。

（3）细部处理清理：要注意门口压条

地毯铺设

的处理和门框、走道与门厅，地面与管根、暖气罩、槽盒，走道与卫生间门槛，楼梯踏步与过道平台，内门与外门，不同颜色地毯交接处和踢脚板等部位地毯的套割、固定和掩边工作，必须黏结牢固，不应有显露、后找补条等问题。地毯铺设完毕，固定收口条后，应用吸尘器清扫干净，并将毯面上脱落的绒毛等彻底清理干净。

**大面积铺地毯后起鼓原因**

除地毯在铺装前未铺展平外，主要原因是铺装时撑子张平松紧不匀及倒刺板中倒刺个别的没有抓住所致。如地毯打开时，出现鼓起现象，应将地毯反过来卷一下后，铺展平整。铺装时撑子用力要均匀，张平后立即装入倒刺板，用扁铲敲打，保证所有倒刺都能抓住地毯。

# 六、门窗安装

## （一）木门窗安装

### 1. 确认施工条件

（1）门窗框和扇安装前应先检查有无窜角、翘扭、弯曲、劈裂，如果有以上情况应优先进行修理。

（2）门窗框靠地的一面应刷防腐漆，其他各面及扇均应涂刷一道清油。刷油后分类码放平整，底层应垫平、垫高。每层框与框、扇与扇之间垫木板条通风。

（3）安装外窗以前应从上往下吊垂直，找好窗框位置，上下不对应者应先进行处理。安装前应调试，50 线提前弹好，并在墙体上标好安装位置。

（4）门框的安装应依据图纸尺寸核实后进行安装，并按图纸开启方向要求安装时注意裁口方向。安装高度按室内 50 线控制。

（5）门窗框安装应在抹灰前进行。门扇和窗扇的安装宜在抹灰完成后进行，如窗扇必须先行安装时应注意成品保护，防止碰撞和污染。

### 2. 准备施工材料

（1）木门窗（包括纱门窗）：由木材加工厂供应的木门窗框和扇必须是经检验合格的产品，并具有出厂合格证，进场前应对型号、数量及门窗扇的加工质量全面进行检查（其中包括缝的大小、接缝平整、几何尺寸是否正确及门窗的平整度等）。

（2）五金件：钉子、木螺钉、合页、插销、拉手、挺钩、门锁等小五金型号、种类及其配件准备。

### 3. 现场施工要求

（1）在木门窗套施工中，首先应在基层墙面内打孔，下木模。木模上下间距小于 300mm，每行间距小于150mm。

（2）然后按设计门窗贴脸宽度及门口宽度锯切大芯板，用圆钉固定在墙面及门洞口，圆钉要钉在木模子上。检查底层垫板牢固安全后，可做防火阻燃涂料涂刷处理。

（3）门窗套饰面板应选择图案花纹美观、表面平整的胶合板，胶合板的选择应符合设计要求。

（4）裁切饰面板时，应先按门洞口及贴脸宽度画出裁切线，用锋利裁刀裁开，对缝处刨45°，背面刷乳胶液后贴于底板上，表层用射钉枪钉入无帽直钉加固。

（5）门洞口及墙面接口处的接缝要求平直，45°对缝。饰面板粘贴安装后用木角线封边收口，角线横竖接口处刨45°接缝处理。

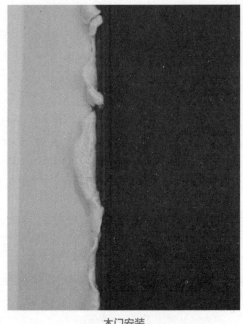

木门安装

4. 施工流程

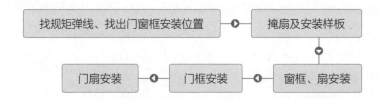

找规矩弹线、找出门窗框安装位置 ▶ 掩扇及安装样板

门扇安装 ◀ 门框安装 ◀ 窗框、扇安装

5. 施工重点

（1）找规矩弹线：轻质隔墙应预设带木砖的混凝土块，以保证其门窗安装的牢固性。

（2）窗框、扇安装：弹线安装窗框、扇应考虑抹灰层的厚度，并根据门窗尺寸、标高、位置及开启方向，在墙上画出安装位置线。有贴脸的门窗、立框时应与抹灰面平，有预制水磨石板的窗，应注意窗台板的出墙尺寸，以确定立框位置。中立的外窗，如外墙为清水砖墙勾缝时，可稍移动，以盖上砖墙立缝为宜。窗框的安装标高，以墙上弹+50cm平线为准，用木楔将框临时固定于窗洞内，为保证与相隔窗框的平直，应在窗框下边拉小线找直，并用铁水平尺将平线引入洞内作为立框时标准，再用线坠校正吊直。黄花松窗框安装前先对准木砖钻眼，便于钉钉。

（3）木门框安装：应在地面工程施工前完成，门框安装应保证牢固，门框应用钉子与木砖钉牢，一般每边不少于两处固定，间距不大于1.2m。若隔墙为加气混凝土条板时，应按要求间距预留45mm的孔，孔深7~10cm，并在孔内预埋木橛粘108胶水泥浆加入孔中（木橛直径应大于孔径 1mm 以使其打入牢固）。待其凝固后再安装门框。

（4）钢门框安装：安装前先找正套方，防止在运输及安装过程中产生变形，并应提前刷好防锈漆；门框应按设计要求及水平标高、平面位置进行安装，并应注意成品保护；后塞口时，应按设计要求预先埋设铁件，并按规范要求每边不少于两个固定点，其间距不大于 1.2m；钢门框按图示位置安装就位，检查型号标高，位置无误，及时将框上的铁件与结构预埋铁件焊好焊牢。

木门安装

（5）门扇安装：

1）先确定门的开启方向及小五金型号和安装位置，对开门扇扇口的裁口位置开启方向，一般右扇为盖口扇。

2）检查门口是否尺寸正确，边角是否方正，有无窜角；检查门口高度应量门的两侧；检查门口宽度应量门口的上、中、下三点并在扇的相应部位定点画线。

3）将门扇靠在框上画出相应的尺寸线，如果扇大，则应根据框的尺寸将大出部分刨去，若扇小应帮木条，用胶和钉子钉牢，钉帽要砸扁，并钉入木材内 1~2mm。

4）第一修刨后的门扇应以能塞入口内为宜，塞好后用木楔顶住临时固定。按门扇与口边缝宽合适尺寸，画第二次修刨线，标上合页槽的位置（距门扇的上、下端 1/10，且避开上、下冒头）。同时应注意口与扇安装的平整。

5）门扇二次修刨，缝隙尺寸合适后即安装合页。应先用线勒子勒出合页的宽度，根据上、下冒头 1/10 的要求，钉出合页安装边线，分别从上、下边线往里量出合页长度，剔合页槽时应留线，不应剔得过大、过深。

6）合页槽剔好后，即安装上、下合页，安装时应先拧一个螺钉，然后关上门检查缝隙是否合适，口与扇是否平整，无问题后方可将螺钉全部拧上拧紧。木螺钉应钉入全长 1/3，拧入 2/3。如门窗为黄花松或其他硬木时，安装前应先打眼。眼的孔径为木螺钉的 0.9 倍，眼深为螺线长的 2/3，打眼后再拧螺钉，以防安装劈裂或螺钉拧断。

7）安装对开扇：应将门扇的宽度用尺量好再确定中间对口缝的裁口深度。如采用企口榫时，对口缝的裁口深度及裁口方向应满足装锁的要求，然后对四周修刨到准确尺寸。

8）五金安装应按设计图纸要求，不得遗漏。一般门锁、碰珠、拉手等距地高度 95~100cm，插销应在拉手下面，对开门扇装暗插销时，安装工艺同自由门。不宜在中冒头与立梃的结合处安装门锁。

9）安装玻璃门时，一般玻璃裁口在走廊内，厨房、厕所玻璃裁口在室内。

**什么时候装防盗门**

一般来说，家中的防盗门应该在刷漆之前安装，否则装门时会弄脏并有可能会损坏刷好的墙面，刷漆时门框附近应贴上美纹纸，以免防盗门沾上漆影响美观。

## （二）木门套安装

### 1. 能不能用密度板做门套

在家居装修施工过程中，很多工人告诉业主不能用密度板做门套，容易变形。其实对于密度板来说，因为在生产过程中做过防水处理，其吸湿性比木材小，形状稳定性、抗菌性都较好，而且结构均匀，板面平滑细腻，尺寸稳定性好，是可以做门套的。但有一个要求：用密度板做门套前，要先确定密度板是否环保，环保性好的密度板才可以用于门套制作。

实木门套

### 2. 室内房门要不要做门套

从装修的角度来讲，门洞装修涵盖门及门边为一个整体来处理，这与美观有关。门做不做门套，这没有硬性规定。如果不做门套，安装成品门之前，门洞要先安装好门框（门框背面做防腐处理），固定牢固后（按质量标准安装）抹灰处理好。

### 3. 卫浴间和厨房能不能包木门套

有些业主觉得厨房和卫浴间由于湿度大，因此不能包木门套，其实这是一种错误的观点。在做门套时，所用的材料不会太靠近地面，包套用的材料可以在反面做一层油漆保护，并用灰胶封闭缝隙，这样水分进不来，在使用过程中也不会吸潮变形。

### 4. 门套安装容易出现的问题

（1）门套线高低不平：首先门套线应该在同一平面，且高低一致，其次要接缝严密。如果不符合要求，就要求工人立即整改。

（2）门套不垂直、上下口宽度不一致：做门套时，工人一般都用线坠来调门套的垂直度。门套上口根据墙面的水平线调水平度。检测门套的垂直度最简单的方法：用刚卷尺测量门套的上下口宽度，如果宽度不一致，那说明肯定有问题。

## （三）玻璃门安装

### 1. 确认施工条件

（1）玻璃应在门窗五金安装后，经检查合格，在涂刷最后一道油漆前进行安装。隔断的玻璃安装，也应参照上述规定进行安装。

（2）门窗在正式安装玻璃前，要检查是否有扭曲及变形等情况，如有不合格的，应整修后再安装玻璃。

### 2. 准备施工材料

主要材料有厚平板玻璃、钢化玻璃、雕花玻璃、彩绘玻璃、金属门夹、方木、钢钉、玻璃胶、木螺钉、自攻螺钉、胶合板、木条等。

### 3. 现场施工要求

（1）压条应与边框紧贴，不得弯棱、凸鼓。

（2）安装玻璃前应对骨架、边框的牢固程度进行检查，如不牢固应进行加固。

（3）玻璃分隔墙的边缘不得与硬质材料直接接触，玻璃边缘与槽底空隙应不小于 4~5mm。玻璃可以嵌入墙体，并保证地面和顶部的槽口深度：当玻璃厚度为 5~6mm 时，深度为 8mm；当玻璃厚度为 8~12mm 时，深度为 10mm。玻璃与槽口的前后空隙：当玻璃厚为 5~6mm 时，空隙为 2.5mm；当玻璃厚 8~12mm 时，空隙为 3mm。这些缝隙用弹性密封胶或橡胶条填嵌。

（4）使用钢化玻璃和夹层玻璃等安全玻璃为好。钢化玻璃厚不小于 5mm，夹层玻璃厚不小于 6.38mm，对于无框玻璃隔墙，应使用厚度不小于 10mm 的钢化玻璃。

（5）玻璃安装的其他施工要点同门窗工程的有关规定。

### 4. 施工流程

### 5. 施工重点

（1）安装弹簧与定位销：确保门底弹簧转轴与门顶定位销的中心线在同一垂直线上。

（2）安装玻璃门扇上下夹：如果门扇的上下边框距门横框及地面的缝隙超过规定值，即门扇高度不够，可在上下门夹内的玻璃底部垫木胶合板条。如门扇高度超过安装尺寸，则需裁去玻璃扇的多余部分。如是钢化玻璃则需要重新定制安装尺寸。

（3）安装玻璃门扇：先将门框横梁上的定位销用本身的调节螺钉调出横梁平面 2mm，再将玻璃门扇竖起来，把门扇下门夹的转动销连接件的孔位对准门底弹簧的转动销轴，并转动门扇将孔位套入销轴上，然后把门扇转动 90°，使之与门框横梁成直角。把门扇上门夹中的转动连接件的孔对准门框横框的定位销，调节定位销的调节螺钉，将定位销插入孔内 15mm 左右。

（4）安装拉手：全玻璃门扇上的拉手孔洞，一般在裁割玻璃时加工完成。拉手连接部分插入孔洞中不能过紧，应略有松动；如插入过松，可在插入部分缠上软质胶带。安装前在拉手插入玻璃的部分涂少许玻璃胶，拉手根部与玻璃板紧密结合后再拧紧固定螺钉，以保证拉手无松动现象。

全玻门安装效果

**TIPS**

### 玻璃胶怎么去除

在装修完之后，家中的不少地方都会留下多余的玻璃胶，十分影响美观。现在常用的去除玻璃胶的方法就是用一些有机溶液，如汽油、丙酮、二甲苯、天那水（香蕉水）等来清洗；如果是附着在玻璃上的胶，那么用刀轻轻刮一下，问题就解决了。

## （四）铝合金门窗安装

**1. 现场施工要求**

（1）门窗框与墙体之间需留有15~20mm的间隙，并用弹性材料填嵌饱满，表面用密封胶密封。不得将门窗框直接埋入墙体，或用水泥砂浆填缝。

（2）密封条安装应留有比门窗的装配边长20~30mm的余量，转角处应斜面断开，并用胶粘剂粘贴牢固。

（3）门窗安装前应核定类型、规格、开启方向是否合乎要求，零部件组合件是否齐全。洞口位置、尺寸及方正应核实，有问题的应提前进行剔凿或找平处理。

铝合金窗贴密封条

（4）为保证门窗在施工过程中免受磨损、变形，应采用预留洞口的办法，而不应采取边安装边砌口或先安装后砌口的做法。

（5）门窗与墙体的固定方法应根据不同材质的墙体而定。如果是混凝土墙体可用射钉或膨胀螺钉，砖墙洞口则必须用膨胀螺钉和水泥钉，而不得用射钉。

（6）如安装门窗的墙体，在门窗安装后才做饰面，则连接时应留出作饰面的余量。

（7）推拉门窗扇必须有防脱落措施，扇与框的搭接量应符合安全要求。

**2. 准备施工材料**

铝合金门窗安装主要材料有铝合金门窗型材、钢钉、膨胀螺栓、滑移合页、防水密封胶、压条等。

（1）铝合金门窗的规格、型号应符合设计要求，五金配件配套齐全，并具有出厂合格证。

（2）防腐材料、填缝材料、密封材料、防锈漆、水泥、砂、连接铁脚、连接板等应符合设计要求和有关标准的规定。

**3. 施工流程**

预埋件安装 ➡ 弹线 ➡ 门窗框安装 ➡ 门窗固定 ➡ 门窗安装

**4. 施工重点**

（1）预埋件安装：洞口预埋铁件的间距必须与门窗框上设置的连接件配套。门窗框上铁脚间距一般为500mm，设置在框转角处的铁脚位置应距转角边缘100~200mm；门窗洞口墙体厚度方向的预埋铁件中心线如设计无规定时，距内墙面100~150mm。

（2）门窗框安装：铝框上的保护膜在安装前后不得撕除或损坏。框子安装在洞口的安装线上，调整正、侧面垂直度、水平度和对角线合格后，用对拔木楔临时固定。木楔应垫在边、横框能受力的部位，以免框子被挤压变形；组合门窗应先按设计要求进行预拼装，然后先装通长拼樘料，后装分段拼樘料，最后安装基本门窗框。

铝合金门窗安装

门窗横向及竖向组合应采用套插，搭接应形成曲面组合，搭接量一般不少于10mm，以避免因门窗冷热伸缩和建筑物变形而引起的门窗之间裂缝。缝隙要用密封胶条密封。若门窗框采用明螺栓连接，应用与门窗颜色相同的密封材料将其掩埋密封。

（3）门窗安装：框与扇是配套组装而成，开启扇需整扇安装，门的固定扇应在地面处与竖框之间安装踢脚板；内外平开门装扇，在门上框钻孔插入门轴，门下地面里埋设地脚并装置门轴；也可在门扇的上部加装油压闭门器或在门扇下部加装门定位器。平开窗可采用横式或竖式不锈钢滑移合页，保持窗扇开启在90°之间自行定位。门窗扇启闭应灵活无卡阻、关闭时四周严密；平开门窗的玻璃下部应垫减震垫块，外侧应用玻璃胶填封，使玻璃与铝框连成整体；当门采用橡胶压条固定玻璃时，先将橡胶压条嵌入玻璃两侧密封，然后将玻璃挤紧，上面不再注胶。选用橡胶压条时，规格要与凹槽的实际尺寸相符，其长度不得短于玻璃边缘长度，且所嵌的胶条要和玻璃槽口贴紧，不得松动。

**TIPS**

### 先装推拉门还是先铺地板

对于家居中的推拉门来说，是在地板安装之前还是之后安装，主要看推拉门采用的是明轨道还是暗轨道。如果用的是明轨道，那就应该铺完地板后再安装推拉门；如果是暗轨道，则应该是装好门之后，再铺设地板。

## （五）塑钢门窗安装

### 1. 准备施工材料

主要材料有塑钢门窗型材、连接件、镀锌铁脚、自攻螺栓、膨胀螺栓、PE 发泡软料、玻璃压条、五金配件等。

（1）门窗玻璃应平整、无水纹。玻璃与塑料型材不直接接触，有密封压条贴紧缝隙。五金件齐全，位置正确，安装牢固，使用灵活。不能使用玻璃胶。若是双玻平层，夹层内应没有灰尘和水汽。

（2）门窗表面应光滑平整，无开焊断裂。门窗框、扇型材内均嵌有专用钢衬。

（3）密封条应平整、无卷边、无脱槽、胶条无气味。门窗关闭时，扇与框之间无缝隙。

（4）门窗四扇均为整体、无螺钉连接。

（5）推拉门窗开启滑动自如，声音柔和、无粉尘脱落。开关部件关闭严密，开关灵活。

2. 现场施工要求

（1）塑钢门窗与墙体的连接，一是可用膨胀螺栓固定，二是可在墙内预埋木砖或木楔，用木螺钉将门窗框固定在木砖或木楔上。

（2）门窗框与墙体结构之间一般留10~20mm 缝隙，填入轻质材料（丙烯酸酯、聚氨酯、泡沫塑料、矿棉、玻璃棉等），外侧嵌注密封膏。

塑钢门窗嵌缝

（3）门窗安装五金配件时，应钻孔后用自攻螺钉拧入，不得直接拧入。各种固定螺钉拧紧程度应基本一致，以免变形。

（4）固定连接件可用1.5mm 厚的冷轧钢板制作，宽度不小于15mm，不得安装在中横框、中竖框的接头上，以免外框膨胀受限而变形。

（5）固定连接件（节点）处的间距要小于或等于600mm。应在距窗框的四个角、中横框、中竖框100~150mm 处设连接件，每个连接件不得少于两个螺钉。

（6）嵌注密封胶前要清理干净框底的浮灰。

（7）安装组合窗门时，应将两窗（门）框与拼樘料卡结，卡结后应用紧固件双向拧紧。其间距应小于或等于600mm，紧固件端头及拼樘料与窗（门）框间的缝隙应用嵌缝膏进行密封处理。拼樘料型钢两端必须与

塑钢门窗安装

洞口固定牢固。

（8）塑料门窗贮存环境的温度应低于50℃；与热源的距离应在1m以上。当环境温度为0℃的条件下存放时，安装前应在室温下放置24小时。

（9）组合窗及连窗门的拼樘应采用与其内腔紧密吻合的增强型钢作内衬，型钢两端要比拼樘料长10~15mm。外窗的拼樘料截面尺寸及型钢形状、壁厚，应能使组合窗承受该地区的瞬间风压值。

（10）选用的零部件及固定连接件，除不锈钢外，均应进行防腐蚀处理。

（11）安装玻璃前应清除槽口内杂物。

3. 施工流程

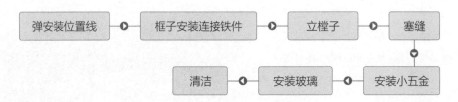

4. 施工重点

（1）框子安装连接铁件：框子连接铁件的安装位置是从门窗框宽和高度两端向内各标出150mm，作为第一个连接铁件的安装点，中间安装点间距不大于600mm。安装方法是先把连接铁件与框子成45°放入框子背面燕尾槽内，顺时针方向把连接件扳成直角，然后成孔旋进φ4×15mm自攻螺钉固定，严禁用锤子敲打框子，以免损坏。

（2）立樘子：把门窗放进洞口安装线上就位，用对拔木楔临时固定。校正正、侧面垂直度、对角线和水平度合格后，将木楔固定牢靠。为防止门窗框受木楔挤压变形，木楔应塞在门窗角、中竖框、中横框等能受力的部位。框子固定后，应开启门窗扇，检查反复开关灵活度，如有问题应及时调整；用膨胀螺栓固定连接件时，一只连接件不得少于2个螺栓。如洞口是预埋木砖，则用二只螺钉将连接件紧固于木砖上。

（3）塞缝：门窗洞口面层粉刷前，除去安装时临时固定的木楔，在门窗周围缝隙内塞入发泡轻质材料，使之形成柔性连接，以适应热胀冷缩。从框底清理灰渣，嵌入密封膏应填实均匀。连接件与墙面之间的空隙内，也需注满密封膏，其胶液应冒出连接件1~2mm。严禁用水泥砂浆或麻刀灰填塞，以免门窗框架受震变形。

（4）安装小五金：塑料门窗安装小五金时，必须先在框架上钻孔，然后用自攻螺钉拧入，严禁直接锤击打入。

（5）安装玻璃：扇、框连在一起的半玻平开门，可在安装后直接装玻璃。对可拆卸的窗扇，如推拉窗扇，可先将玻璃装在扇上，再把扇装在框上。

**塑钢门窗上的保护膜什么时候撕掉合适**

　　塑钢门窗的保护膜撕掉的时间应适宜，要确保在没有污染源的情况下撕掉保护膜。一般情况下，塑钢门窗的保护膜自出厂至安装完毕撕掉保护膜的时间不得超过 6 个月。如果出现保护膜老化的问题，应先用 15% 的双氧水溶液均匀地涂刷一遍，再用 10% 的氢氧化钠水溶液进行擦洗，这样保护膜可顺利地撕掉。

## （六）阳台封装

### 1. 阳台封装结构形式

　　目前封闭阳台有无框结构和有框结构两种，无框结构在视觉方面和玻璃清洁方面以及解决圆弧阳台具有特别明显的优点，而且随着设计、生产技术的不断提升，无框结构在安全性和承压能力方面已经能够实现或者接近有框结构所能够达到的程度，因此，时下流行的封装结构以无框结构为主。

### 2. 阳台封装用材料

　　现在阳台封装一般情况下不会选用实木窗，多数都是使用普通断桥铝合金窗和塑钢窗。塑钢窗的价位一般在 150~600 元 $/m^2$，大多数人可以接受，塑钢窗的性价比是它热销的主要因素；断桥铝合金比塑钢耐持久，价位一般在 400~1200 元 $/m^2$；现在也有不少人用无框窗产品，无框窗的价位一般在 360~700 元 $/m^2$。

木门窗　　　　　　　　　　塑钢门窗

铝合金门窗

不同材质的窗户的优缺点见下表。

| 材料 | 优点 | 缺点 |
| --- | --- | --- |
| 木窗 | 它可以制作出丰富的造型，运用多种颜色，装饰效果较好 | 木材抗老化能力差，冷热伸缩变化大，日晒雨淋后容易被腐蚀 |

| 材料 | 优点 | 缺点 |
|------|------|------|
| 塑钢窗 | 它具有良好的隔声性，隔热性、防火性、气密性、水密性、防腐性、保温性等 | 时间久后表面会表面变黄、窗体变形 |
| 普通铝合金窗 | 它具有较好的耐候性和抗老化能力 | 隔热性不如其他材料，色彩也仅有白色、茶色两种 |
| 断桥铝合金窗 | 具有良好的隔声性，隔热性、防火性、气密性、水密性，防腐性、保温性、免维护等；可以长期使用不变形、不掉色 | 价格贵、制作成本比较高 |
| 无框窗 | 它具有良好的采光、最大面积空气对流、美观易折叠等 | 保温性差、密封性差、隔声一般 |

### 3. 常用窗台台面材料

目前家居装修中窗台大多数都是采用石材或者瓷砖进行饰面，其实除了常见的大理石和人造石、瓷砖外，还可以使用木质材料做窗台板，而且能够避免冷硬的感觉，例如，实木板和复合地板。用复合地板做窗台板需要注意的是，复合地板较窄，在镶拼之后，必须做好收边的处理。地板原有的收边条太窄，是不能或做不好窗台收边的。因为，窗台的收边一定要凸出墙面一点，这样才好看。解决的办法是用 6~10 cm 宽并且与地板一样厚的木条来收边。后期则由漆工用接近或同色的漆上漆，尽可能与地板一致。如果追求新颖别致，当然也可上其他颜色的漆。

人造大理石窗台　　　　　　仿古砖窗台　　　　　　　实木窗台

### 4. 阳台栏杆高度

（1）规范规定：根据国家设计规范中的相关要求，阳台栏杆的高度是这样规定的：六层及以下不低于 1.05m，六层以上不低于 1.1m，高层建筑不高于 1.2m。

（2）计算方法：栏杆高度计算是从阳台地面至栏杆扶手顶面的垂直高度。如果有的阳台还设有高度在 0.5m 以下的可以踩上去的部位，计算高度要从下面可踩物件的顶部计算。

（3）设计最低要求：在房屋结构设计中，一般来说，除非有特别的规定，最低也不能低于 1m。

# 七、现场木作制作安装

### 1. 现场木作常用材料

（1）大芯板（细木工板）：厚度 18 mm、厚度 15 mm，做各种造型、门、门套等使用最频繁。15 mm 的用在柜体的门上，一层 15 mm 加两张 3 mm 面板等于 21 mm 左右。

（2）九厘板：厚度 9 mm（一般不足 9 mm），做门套裁口、柜体背板。

（3）面板：厚度 3 mm，做贴面用，种类根据所采用树种的不同而有很多，如黑胡桃、樱桃木等。

（4）澳松板：厚度 3 mm 贴在基层板上，直接在上面做白漆的板子。

（5）欧松板：厚度 18 mm，做基层用（门套、衣柜等），也有人直接在上面刷清漆。

（6）木龙骨：规格 30 mm×40 mm 最多见，做吊顶用，墙面造型。

（7）木线条：根据用途多种规格。

（8）基本淘汰的材料：三合板、榉木板等。

### 2. 不同的木作材料特性

（1）密度板工艺：密度板可分为高密度板、中密度板和低密度板。一般多数采用的是中密度板，这种材料依靠机器的压制，现场施工可能性几乎为零。木工极少采用密度板来做细木工活，主要依靠构件组合。密度板最主要的缺点是膨胀性大，遇水后，基本上就不能再用了。另一个缺点是抗弯性能差，不能用于受力大的项目。

（2）大芯板结构：大芯板的芯材具有一定的强度，当尺寸较小时，使用大芯板的效果要比其他的人工板材的效果更佳。大芯板的材质特点与现代木工的施工工艺基本上是一致的，其施工方便、速度快、成本相对较低，所以受到许多人的喜爱。大芯板的施工工艺主要采用钉，同时也适用于简单的粘压工艺。大芯板的最主要缺点是其横向抗弯性能较差，当用于书柜等家具时，因跨度大，其强度往往不能满足承重的要求，解决的方法只能是将书架的间隔缩小。

（3）细芯板：细芯板早于大芯板面世，是木工工程中较为传统的材料，细芯板强度大，抗弯性能好，在很多装修项目中，它都能胜任。在一些需要承重的结构部位，使用细芯板强度更好。细芯板中的九厘板更是很多工程项目的必用材料。细芯板和大芯板一样，主要采用钉接的工艺，同样也可以简单的粘压。细芯板的最主要缺点是其自身稳定性要比其他的板材差，这是由其芯材材料的一致性差异造成的，这使得细芯板的变形可能性增大。所以，细芯板不适宜用于单面性的部位，如柜门等。

（4）实木板：实木做法属于传统做法。由于木材种类众多，所以效果上差别很大，但在工艺上差不多。实木板材具有抗弯性好、强度高、耐用、装饰效果好等优点。实木做法采用传统工艺，极少使用钉、胶等做法，对木工工人的技能要求较高，未经正式训练的木工很难胜任此类工作。实木板材在使用前，应该经过蒸煮杀虫及烘干的处理。未经处理而使用这些木材，会有虫害（主要是白蚁）的隐患。

3. 现场施工要求

（1）选择质量优良的板材是保证家具质量的第一因素。这不但要求对板材的质量进行选择，而且对板材的适用性也需要进行严格的选择。首先要对相关部分的板材做出正确的选择。其次，有关板材的质量也需要进行认真的考察。

（2）不同的板材，需要不同的饰面工艺。例如，纹理优美的实木和饰面板

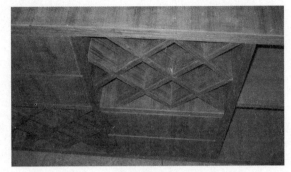

现场木作边柜

可以使用清漆，而纹理较差的实木板或者没有饰面板的普通夹板面最好使用混油。

（3）钉眼的处理严格来说属于油漆工范畴，但在目前家庭装修中，往往还是将其归于木工处理。现在绝大部分的装修都使用再加工板材，施工时都使用了射钉等工序，如何处理这些钉眼就成为一个突出的问题。这就要求对腻子的配色采取十分严谨的态度，尽量使得配色后的颜色与木材表面基本一致，从而掩饰这些缺点。相同的处理也适用于对树节、树疤的处理。

（4）工人做的柜子，一般内部都不刷漆，为了长久使用，你可以自己买一些油漆，让工人帮你刷上。

（5）如果做家具时多做几个抽屉，日后使用的时候会觉得非常方便。

4. 施工流程

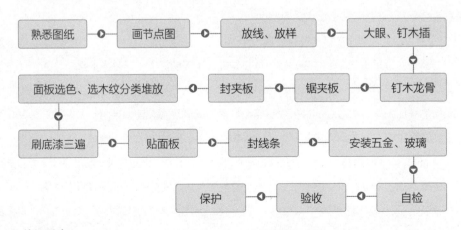

5. 施工重点

（1）空芯门：① 双层细木工板开条，做成框架，两面再贴面板或澳松板。特点：隔声性差、表面不平整，重量轻；② 单层大芯板开条，做成框架，两面贴九厘板贴面板，线条收口；或者单

层大芯板开 3cm 条，两面贴五厘板贴面板，木线收口。特点：隔声性稍好，表面较为平整，不易变形。

（2）实芯门：① 两张大芯板直接压到一起（开伸缩缝）；② 隔声性最好，重量较重，最好用 3 个合页，且要双面刻槽。

（3）鞋柜：① 根据身高、鞋子的大小等因素确定鞋柜的宽度；② 里面隔板可以做成斜的（可以放下大点的鞋子）；③ 鞋柜内部灰比较多，向里斜的隔板，注意在里面留有缝隙（灰可以落到底层）；④ 有的人喜欢在柜子里贴壁纸，但贴壁纸容易脏，最好刷油漆或贴塑料软片。

（4）玄关：① 如果是一个小鞋柜，那就可以做成可活动式的，将来往家里搬家具，可以挪开，比较方便；② 还有一种固定式的，在制作的时候就要把鞋柜固定在墙面，从而保证造型与墙面之间无缝隙及保证顶部造型的承重；③ 换鞋要方便、要有抽屉（放个钥匙等小东西）、有放雨伞的位置、最好再有个镜子（出门时可照一下镜子）、还可以设一个挂衣服的钩；④ 家里有老年人的还要设一个墩，坐在墩上换鞋会方便些。

**现场制作鞋柜**

（5）衣柜：① 带柜门的柜子，门的施工应该为一张大芯板开条，再压两层面板。不要一整张大芯板上直接做油漆或贴一张面板，这样容易变形；② 注意留有滑轨的空间，滑轨侧面还需要刷油漆，这样能保证衣柜内的抽屉可以自由拉出（抽屉稍微做高一点，不要让推拉门的下轨挡住）；③ 有时候，柜子没必要做到顶，上面可以用石膏板封起来再刷乳胶漆。

（6）书柜：① 书柜上面要有足够的空间，放一些小书和大书（有的报刊、画册比较大），根据自己的习惯确定电脑的键盘放在桌子上还是键盘抽屉内；② 书房中的电器比较多，最好装一个插座，再分出一个排插；④ 桌子上要有穿孔，这样电脑显示器的线、键盘线、音箱线、台灯线能塞到下面去。

# 八、壁柜、吊柜及固定家具安装

### 1.确认施工条件

（1）结构工程和有关壁柜、吊柜的构造连体已具备安装壁柜和吊柜的条件，室内已有标高水平线。

（2）壁柜框、扇进场后及时将加工品靠墙、贴地，顶面应涂刷防腐涂料，其他各面应涂刷底油一道，然后分类码放平整，底层垫平、保持通风。

（3）壁柜、吊柜的框和扇，在安装前应检查有无窜角、翘扭、弯曲、壁裂，如有以上缺陷，应修理合格后，再进行拼装。吊柜钢骨架应检查规格，有变形的应修正合格后进行安装。

（4）壁柜、吊柜的框安装应在抹灰前进行；扇的安装应在抹灰后进行。

2. 现场施工要求

（1）厨房设备安装前应仔细检验。

（2）吊柜的安装应根据不同的墙体采用不同的固定方法。

（3）底柜安装应先调整水平旋钮，保证各柜体台面、前脸均在一个水平面上，两柜连接使用木螺钉，后背板通管线、表、阀门等应在背板画线打孔。

（4）安装洗物柜底板下水孔处要加塑料圆垫，下水管连接处应保证不漏水、不渗水，不得使用各类胶粘剂连接接口部分。

（5）安装不锈钢水槽时，保证水槽与台面连接缝隙均匀，不渗水。

（6）安装水龙头，要求安装牢固，上水连接不能出现渗水现象。

真不该贪便宜没做防水，现在橱柜都变形了

（7）抽油烟机的安装，注意吊柜与抽油烟机罩的尺寸配合，应达到协调统一。

（8）安装灶台，不得出现漏气现象，安装后用肥皂沫检验是否安装完好。

安装底柜前要做防水

3. 施工流程

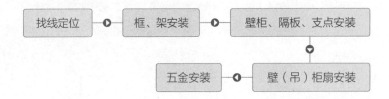

4. 施工重点

（1）框、架安装：壁柜、吊柜的框和架应在室内抹灰前进行，安装在正确位置后，两侧框每个固定件钉 2 个钉子与墙体木砖钉固，钉帽不得外露。若隔断墙为加气混凝土或轻质隔板墙时，应按设计要求的构造固定。如设计无要求时可预钻 φ5 孔，深 70~100mm，并事先在孔内预埋木楔。粘108胶水泥浆，打入孔内黏结牢固后再安装固定柜。采用钢柜时，需在安装洞口固定框的位置预埋铁件，进行框件的焊固。在框、架固定时，应先校正、套方、吊直、核对标高、尺寸、位置准确无误后再进行固定。

（2）壁柜隔板支点安装：木隔板的支点，一般是将支点木条钉在墙体木砖上，混凝土隔板一般是"匚"形铁件或设置角钢支架。

（3）壁（吊）柜扇安装：按扇的安装位置确定五金型号、对开扇裁口方向，一般应以开启方向的右扇为盖口扇。安装时应将合页先压入扇的合页槽内，找正拧好固定螺钉，试装时修合页槽的深度等，调好框扇缝隙，框上每支合页先拧一个螺钉，然后关闭，检查框与扇平整、无缺陷，符合要求后将全部螺钉安全拧紧。木螺钉应钉入全长 1/3，拧入 2/3，如框、扇为黄花松或其他硬木时，合页安装螺钉应划位打眼，孔径为木螺钉的 0.9 倍直径，眼深为螺钉的 2/3 长度。

吊柜质量要可靠

### 厨房没有承重墙怎么安装吊柜

对于厨房中没有承重墙来安装吊柜的情况，有些施工人员采用专用挂件将受力转移到了承重墙的楼板上。这种虽然安全性足够了，但从房屋的整体美观效果来看，对非承重墙进行加固或者使用橱柜安装的吊码挂片还是相对更好一些。

对于夹层或者隔断的非承重墙来说，可以使用箱体白板或者依据墙体受力情况采取更厚一些的白板，固定在墙体上，用以对墙体进行加固加厚。而非承重墙承受力度实在太低的话，可以做成 U 形板材，将白板与其他承重墙体固定，把受力点转移到其他承重墙体上，再安装橱柜。这种方法在加工和安装上比较困难，需要经验丰富的安装工人。相对而言，这种方法既安全方便，造价也十分便宜。

# 九、木窗帘盒、金属窗帘杆安装

### 1. 准备施工材料

（1）木材及制品：一般采用红、白松及硬杂木干燥料，含水率不大于 12%。

（2）五金配件：根据设计选用五金配件，窗帘轨等。

（3）金属窗帘杆：一般设计指定图号、规格和构造形式等。

2. 现场施工要求

（1）窗帘盒的规格高为 100mm 左右，单杆宽度为 120mm，双杆宽度为 150mm 以上，长度最短应超过窗口宽度 300mm，窗口两侧各超出 150mm，最长可与墙体通长。

（2）贯通式窗帘盒可直接固定在两侧墙面及顶面上，非贯通式窗帘应使用金属支架，为保证窗帘盒安装平整，两侧距窗洞口长度相等，安装前应先弹线。

窗帘盒安装

（3）由于要表现的是外露窗帘杆的美感，居室顶部和窗户最好都有一定的高度，以免产生压缩视觉的感觉。

（4）窗框左右预留不要低于 6cm，好让窗帘杆有出头之地，同时窗帘布也能完全遮住窗户。

3. 施工流程

定位与划线 → 预埋件检查和处理 → 核查加工品 → 安装窗帘盒（杆）

4. 施工重点

（1）安装窗帘盒：先按平线确定标高，划好窗帘盒中线，安装时将窗帘盒中线对准窗口中线、盒的靠墙部位要贴严、固定方法按个体设计。

（2）安装窗帘轨：窗帘轨有单、双或三轨道之分。当窗宽大于 1200mm 时，窗帘轨应断开，断开处煨弯错开，煨弯应平缓曲线，搭接长度不小于 200mm。明窗帘盒一般先安轨道。重窗帘轨应加机螺钉；暗窗帘盒应后安轨道。重窗帘轨道小角应加密间距，木螺钉规格不小于 30mm。轨安装后保持在一条直线上。

（3）窗帘杆安装：校正连接固定件，将杆或钢丝装上，拉于固定件上。做到平、正同房间标高一致。

# 第五章

▼

## 装修油漆工现场施工

油漆工在装修中干的都是"面子"活，家中只要涉及涂饰的活基本上都可以让油漆工来完成，常见的有乳胶漆的涂刷、壁纸的粘贴等，最能体现油漆工技术好坏的就是对木制品的涂刷了。油漆施工，因其涉及的材料多，工序工艺又很复杂，有些质量评定又带有较大的模糊性，如果在施工中不加以比较，严格把关，往往会造成无可挽回的损失。在油漆施工过程中，房主与施工方可以参考下表进行质量把控。

| 序号 | 房主 | 施工方 |
|---|---|---|
| 1 | 注意油漆的环保性 | 计算油漆的涂刷面积提供给业主，通知进场时间 |
| 2 | 油漆进场前，需通知工人清洁打扫 | 乳胶漆施工，一遍石膏找平，两遍腻子再刷乳胶漆"一底两面" |
| 3 | 油漆进场时检查漆桶是否有开过的痕迹 | 边角处的乳胶漆涂刷，需保持平直 |
| 4 | 光线充足时检查乳胶漆平整度，有无波浪纹 | 墙顶面的乳胶漆涂刷，不可有波浪纹 |
| 5 | 检查开关、插座等位置，乳胶漆涂刷的是否均匀，没有水滴结垢的痕迹 | 石膏线等造型上的乳胶漆涂刷，不可有水滴状的结垢 |
| 6 | 检查阳角处的乳胶漆涂刷，线条是否平直 | 墙面漆涂刷，不能有明显的滚涂痕迹 |
| 7 | 检查乳胶漆是否有裂痕、掉皮等现象 | 刷漆需从一侧墙面开始涂刷，不可两侧对向涂刷 |
| 8 | 提前通知施工方壁纸粘贴位置 | 粘贴壁纸的墙面，需用腻子找平，表面平整、无凹痕 |
| 9 | 检查油漆表面是否光滑，有无颗粒状 | 柜体涂刷油漆，需将窗户打开，保持空气流动 |
| 10 | 油漆工施工完开窗散味 | 柜体油漆涂刷后，需用报纸遮盖住，防止积落灰尘 |

*1. 学习与掌握乳胶漆现场施工。*

*2. 学习与掌握壁纸现场施工。*

*3. 学习与掌握壁纸现场施工。*

*4. 学习与掌握木器涂刷现场施工。*

# 一、乳胶漆施工

### 1. 确认施工条件

乳胶漆施工前，应先除去墙面所有的起壳、裂缝，并用填料补平，清除墙面一切残浆、垃圾、油污，大面积墙面宜作分格处理。砂平凹凸处及粗糙面，然后冲洗干净墙面，待完全干透后即可涂刷。

### 2. 准备施工材料

（1）主要材料有乳胶漆、胶粘剂、清油、合成树脂溶液、聚醋酸乙烯溶液、白水泥、大白粉、石膏粉、滑石粉、腻子等。

（2）常用的工具有钢刮板、腻子刀、小桶、托板、橡皮刮板、刮刀、搅拌棒、排笔等。

### 3. 优质乳胶漆的特点

（1）干燥速度快。在25℃时，30分钟内表面即可干燥，120分钟左右就可以完全干燥。

（2）耐碱性好。涂于呈碱性的新抹灰的墙和顶面及混凝土墙面，不返粘，不易变色。

（3）色彩柔和、漆膜坚硬、观感舒适、颜色附着力强。

（4）允许湿度可达8%~10%，可在新施工完的湿墙面上施工，而且不影响水泥继续干燥。

（5）调制方便，易于施工。可以用水稀释，用毛刷或排笔施工，工具用完后可用清水清洗，十分便利。

（6）无毒无害、不污染环境、不引

水性乳胶漆

火、使用后墙面不易吸附灰尘。

（7）适应范围广。基层材料是水泥、砖墙、木材、三合土、批灰等，都可以进行乳胶漆的涂刷。

（8）单就乳胶漆而言，因为没有什么污染性，待漆面干燥后就可以入住使用，对入住基本上没有影响。

4. 现场施工要求

（1）基层处理是保证施工质量的关键环节，其中保证墙体完全干透是最基本条件，一般应放置10天以上。墙面必须平整，最少应满刮两遍腻子，至满足标准要求。

（2）乳胶漆涂刷的施工方法可以采用手刷、滚涂和喷涂。涂刷时应连续迅速操作，一次刷完。

（3）涂刷乳胶漆时应均匀，不能有漏刷、流坠等现象。涂刷一遍，打磨一遍。一般应两遍以上。

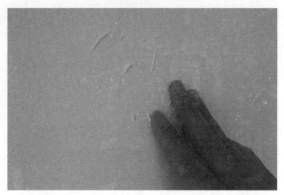

（4）腻子应与涂料性能配套，坚实牢固，不得粉化、起皮、裂纹。卫生间等潮湿处使用耐水腻子，涂液要充分搅匀，黏度太大可适当加水，黏度小可加增稠剂。施工温度要高于10℃。室内不能有大量灰尘，最好避开雨天施工。

乳胶漆流坠

### 冬天可以刷乳胶漆吗

冬天刷乳胶漆也不是不行！为了尽早住进新居，很多人选择在冬季装修。尽管装修材料有了改善，家装公司也改善了施工工艺，但冬季装修仍然有一些需要注意的问题。刷漆这个工序，更是如此。如果气温低到0℃以下，就必须要停工了；气温在5℃以上，才能刷面漆。

在施工过程中也需要特别注意：如果墙体或表面有潮气或结露，必须要待其干透才可批腻子、刷漆，如果不经处理就直接将墙漆或底漆涂刷上，一旦温度提高就会形成小气泡而导致开裂。另外，每批完一遍腻子，都要认真检查，没有任何阴影才可进行下一步。有阴影就代表有潮气、没干透，此时如果就进行下一遍，到了春季漆面很容易开裂。

冬期施工时，应尽量让房间整体保持一个相对均衡的温度。但是不要用普通照明灯进行烘烤，否则墙体受热不均会造成墙体颜色深浅不一样，使墙面看上去发花。照明灯只能用来检查油漆涂刷得是否平整、均匀，不能用来烘干墙面，这个需要特别注意。

5. 施工流程

基层处理 ▶ 修补腻子 ▶ 满刮腻子 ▶ 涂刷底漆 ▶ 涂刷面漆（两遍以上）

墙面乳胶漆施工

6. 施工重点

（1）基层处理：确保墙面坚实、平整，用钢刷或其他工具清理墙面，使水泥墙面尽量无浮土、浮沉。在墙面辊一遍混凝土界面剂，尽量均匀，待其干燥后（一般在 2 小时以上），就可以刮腻子了。对于泛碱的基层应先用 3% 的草酸溶液清洗，然后用清水冲刷干净即可。

（2）满刮腻子：一般墙面刮两遍腻子即可，既能找平，又能罩住底色。平整度较差的腻子需要在局部多刮几遍。如果平整度极差，墙面倾斜严重，可考虑先刮一遍石膏进行找平，之后再刮腻子。每遍腻子批刮的间隔时间应在 2 小时以上（表干以后）。当满刮腻子干燥后，用砂纸将墙面上的腻子残渣、斑迹等打磨、磨光，然后将墙面清扫干净。

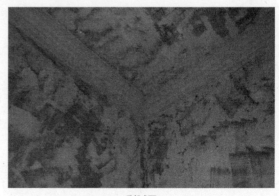

刮腻子

（3）打磨腻子：耐水腻子完全上强度之后（5~7 天）会变得坚实无比，此时再进行打磨就会变得异常困难。因此，建议刮过腻子之后 1~2 天便开始进行腻子打磨。打磨可选在夜间，用 200W 以上的电灯泡贴近墙面照明，一边打磨一边查看平整程度。

（4）涂刷底漆：底漆涂刷一遍即可，务必均匀，待其干透后（2~4小时）可以进行下一步骤。涂刷每面墙面的顺序宜按先左后右、先上后下、先难后易、先边后面的顺序进行，不得胡乱涂刷，以免漏涂或涂刷过厚、涂料不均匀等。通常情况下用排笔涂刷，使用新排笔时，要注意将活动的毛笔清理干净。干燥后修补腻子，待修补腻子干燥后，用1号砂纸磨光并清扫干净。

刷底漆

（5）涂刷面漆：面漆通常要刷两遍，每遍之间应相隔2~4小时以上（视其表干时间而定）待其基本干燥。第二遍面漆刷之后，需要1~2天才能完全干透，在涂料完全干透前应注意防水、防旱、防晒、防止漆膜出现问题。由于乳胶漆漆膜干燥快，所以应连续迅速操作，涂刷时从左边开始，逐渐涂刷向另一边，一定要注意上下顺刷互相衔接，避免出现接槎明显而需另行处理。

**TIPS**

### 墙面并不是越光滑越好

乳胶漆施工一般会采用滚涂和机器喷涂两种工艺，滚涂工艺在北方地区较为普遍。对于采用喷涂施工的墙体来说，表面确实是越光滑越好，但是对于滚涂来说却不是。采用滚涂的墙面，正常来说都会留有滚花印，如果滚涂后的墙面看起来非常光滑，实际上是漆中加水过多造成的。漆中加水过多会降低漆的附着力，容易出现掉漆问题，同时加水过多会致使漆的含量减少，表面漆膜比较薄，就不能很好地保护墙面，也让漆的弹性下降，难以覆盖腻子层的细小裂纹。

对于使用滚涂工艺处理的乳胶漆墙面，不要追求表面非常光滑的效果，建议采用中短毛的羊毛滚筒来施工，这样墙面的滚花印看起来会比较细致，只要滚花印看起来比较均匀就是符合要求的。

## 二、壁纸施工

### 1.确认施工条件

（1）墙面、顶面壁纸施工前门窗油漆、电器的设备安装完成，影响裱糊的灯具等要拆除，待做完壁纸后再进行安装。

（2）墙面抹灰要提前完成干燥，基层墙面要干燥、平整、阴阳角应顺直、基层坚实牢固，不得有疏松、掉粉、飞刺、麻点砂粒和裂缝，含水率应符合相关规定。

（3）地面工程要求施工完毕，不得有较大的灰尘和其他交叉作业。

2.准备施工材料

（1）壁纸：按照确定的材料样品备用齐全，并且按照壁纸的存放要求分类进行保管；在壁纸进场前对使用的壁纸进行检查各项指标达到质量要求，并查看环保检测报告。

（2）胶粘剂：一般采用与壁纸材料相配套的专用壁纸胶或者在没有指定时采用环保性建筑胶；要求使用的胶粘材料具有合格证和黏结力检验报告。

### 壁纸好还是乳胶漆好

（1）从效果上看：乳胶漆可以调色，消费者可自由选择；但乳胶漆最多只能刷出纹理的特殊效果，不能刷出花色；壁纸无论花色、图案还是种类选择，空间都很大，可选择范围非常广。

（2）从环保上看：在壁纸和水性涂料的环保标准中，都有明确的有毒有害物质，禁用和限用数值要求。正规的乳胶漆和壁纸都是可以达到非常环保的标准，部分知名品牌或进口品牌，其环保标准甚至超过国家标准。

需要特别注意的是，胶水的环保对于铺贴壁纸的房间的环保系数影响非常大，因此一定要选择质量合格的胶水。

（3）从性能上看：乳胶漆和壁纸都能遮盖细微的小裂纹，但在轻体墙与原墙相接处、石膏板接缝处等地方最好要进行贴布处理。在防裂性能上，经过一个采暖季，乳胶漆墙面可能会发生裂纹，而壁纸通常都不会出现季节性裂缝，除非是墙体结构性裂缝有可能导致壁纸撕裂。

（4）从局部维修上看：由于有图案和花色，局部维修壁纸要进行对花等工作，且又是局部铲除原有壁纸，因此壁纸的局部维修不如乳胶漆容易。

卧室刷乳胶漆

卧室贴壁纸

3. 不同基层的处理要求

壁纸对不同材质的基层处理要求是不同的，如混凝土和水泥砂浆抹灰基层，纸面石膏板、水泥面板、硅钙板基层，水质基层的处理技巧及建议都不相同。

（1）混凝土及水泥砂浆抹灰基层：

1）混凝土及水泥砂浆抹灰基层与墙体及各抹灰层间必须黏结牢固，抹灰层应无脱层、空鼓，面层应无爆灰和裂缝。

2）立面垂直度及阴阳角应方正，允许偏差不得超过 3 mm。

3）基体一定要干燥，使水分尽量挥发，含水率最大不能超过 8%。

4）新房的混凝土及水泥砂浆抹灰基层在刮腻子前应涂刷抗碱封闭底漆。

5）旧房的混凝土及水泥砂浆抹灰基层在贴壁纸前应清除疏松的旧装修层，并涂刷界面剂。

6）满刮腻子、砂纸打光，基层腻子应平整光明、坚实牢固，不得有粉化起皮、裂缝和突出物，线角顺直。

（2）纸面石膏板、水泥面板、硅钙板基层：

1）面板安装牢固、无脱层、翘曲、折裂、缺棱、掉角。

2）立面垂直度及表面平整度允许偏差为 2 mm，接缝高低差允许偏差为 1 mm，阴阳角方正，允许偏差不得超过 3 mm。

3）在轻钢龙骨上固定面板应用自攻螺钉，钉头埋入板内但不得损坏纸面，钉眼要做防锈处理。

4）在潮湿处应做防潮处理。

5）满刮腻子、砂纸打光，基层腻子应平整光滑、坚实牢固，不得有粉化起皮、裂缝和突出物，线角顺直。

（3）水质基层：

1）基层要干燥，木质基层含水率最大不得超过 12%。

2）木质面板在安装前应进行防火处理。

3）木质基层上的节疤、松脂部位应用虫胶膝封闭，钉眼处应用油性腻子嵌补。在刮腻子前应涂刷抗碱封闭底漆。

4）满刮腻子、砂纸打光，基层腻子应平整光滑、坚实牢固，不得有粉化起皮、裂缝和突出物，角脚顺直。

（4）不同材质基层的接缝处理：不同材质基层的接缝处必须粘贴接缝带，否则极易裂缝，起皮等。

4. 施工要求

（1）基层处理时，必须清理干净、平整、光滑，防潮涂料应涂刷均匀，不宜太厚。墙面基层含水率应小于 8%。墙面平整度达到用 2m 靠尺检查，高低差不超过 2mm。

（2）混凝土和抹灰基层的墙面应清扫干净，将表面裂缝、坑洼不平处用腻子找平。再满刮腻子，打磨平。根据需要决定刮腻子遍数。木基层应刨平，无毛刺、戗槎，无外露钉头。接缝、钉眼用腻子补平。满刮腻子，打磨平整。石膏板基层的板材接缝用嵌缝腻子处理，并用接缝带贴牢，表面再刮腻子。

（3）涂刷底胶一般使用植物性壁纸胶，底胶一遍成活，但不能有遗漏。为防止壁纸、墙布受潮脱落，可涂刷一层防潮涂料。

涂刷底胶

（4）弹垂直线和水平线，拼缝时先对图案、后拼缝，使上下图案吻合。以保证壁纸、墙布横平竖直、图案正确。禁止在阳角处拼缝，墙纸要裹过阳角 20mm 以上。

（5）塑料壁纸遇水会膨胀，因此施工前要用水润纸，使塑料壁纸充分膨胀，玻璃纤维基材的壁纸、墙布等，遇水无伸缩，无须润纸。复合壁纸和纺织纤维壁纸也不宜润纸。

（6）裱贴玻璃纤维墙布和无纺墙布时，背面不能刷胶粘剂，将胶粘剂刷在基层上。因为墙布有细小孔隙，胶粘剂会印透表面而出现胶痕，影响美观。

（7）粘贴后，赶压墙纸胶粘剂，不能留有气泡，挤出的胶要及时擦干净。

5. 水泥墙面直接贴壁纸

（1）混凝土及水泥砂浆抹灰基层抹灰层与墙体及各抹灰层间必须黏结牢固，抹灰层应无脱层、空鼓，面层应无爆灰和裂缝。

（2）立面垂直度及阴阳角方正允许偏差不得超过 3mm。

（3）基体一定要干燥，使水分尽量挥发，含水率最大不能超过 8%。

（4）新房的混凝土及水泥砂浆抹灰基层在刮腻子前应涂刷抗碱封闭底漆。

（5）旧房的混凝土及水泥砂浆抹灰基层在贴壁纸前应清除疏松的旧装修层，并涂刷界面剂。

（6）满刮腻子、砂纸打光、基层腻子应平整光明、坚实牢固，不得有粉化起皮、裂缝和突出物，线角顺直。

### 壁纸和壁布哪个更好

壁纸：以壁纸来说，从低端到高端，选择多样。一般来说，纸面纸底、胶面纸底和胶面布底这三类壁纸是普遍采用的！但是如果家中有儿童，应尽量使用胶面纸底或是胶面布底的壁纸，因为这两类壁纸可用水擦拭、较易清理，并且也较耐刮！

壁布：壁布的价位比壁纸高，具有隔声、吸声和调节室内湿度等功能。大致上可分为布面纸底、布面胶底和布面浆底。如果需要防水、耐磨和耐刮的特性，布面胶底是不错的选择！但是如果你还在意防火的特性，那么布面浆底类的壁布将是最好的选择！

6. 施工流程

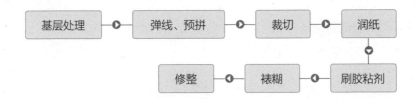

基层处理 → 弹线、预拼 → 裁切 → 润纸

修整 ← 裱糊 ← 刷胶粘剂

7. 施工重点

（1）基层处理：刮腻子前，应先在基层刷一层涂料进行封闭，目的是防止腻子粉化、基层吸水；如果是木夹板与石膏板或石膏板与抹灰面的对缝都应粘贴接缝带。

（2）弹线、预拼：弹线时应从墙面阴角处开始，将窄条纸的裁切边留在阴角处，原因是在阳角处不得有接缝的出现；如遇门窗部位，应以立边分划为宜，以便于褶角贴立边。

（3）裁切：根据裱糊面的尺寸和材料的规格，两端各留出 30~50mm，然后裁出第一段壁纸。有图案的材料，应将图形自墙的上部开始对花。裁切时尺子应压紧壁纸后不再移动，刀刃紧贴尺边，连续裁切并标号，以便按顺序粘贴。

（4）润纸：塑料壁纸遇水后会自由膨胀，因此在刷胶前必须将塑料壁纸在水中浸泡 2~3 分钟后取出，静置 20 分钟。如有明水可用毛巾擦掉，然后才能刷胶；玻璃纤维基材的壁纸遇水无伸缩性，所以不需要润纸；复合纸质壁纸由于湿强度较差而禁止润纸，但为了达到软化壁纸的目的，可在壁纸背面均匀刷胶后，将胶面对胶面对叠，放置4~8 分钟后上墙；而纺织纤维壁纸也不宜润

贴壁纸现场

纸，只需在粘贴前用湿布在纸背稍擦拭一下即可；金属壁纸在裱糊前应浸泡 1~2 分钟，阴干 5~8 分钟，然后再在背面刷胶。

（5）裱糊：裱糊壁纸时，应按照先垂直面后水平面，然后先细部后大面的顺序进行。其中垂直面先上后下、水平面先高后低。对于需要重叠对花的壁纸，应先裱糊对花，后用钢尺对齐裁下余边。裁切时，应一次切掉不得重割；在赶压气泡时，对于压延壁纸可用钢板刮刀刮平，对于发泡或复合壁纸则严禁使用钢板刮刀，只可使用毛巾或海绵赶平；另外，壁纸不得在阳角处拼缝，应包角压实，壁纸包过阳角应不小于 20mm。遇到基层有突出物体时，应将壁纸舒展地裱在基层上，然后剪去不需要的部分；在裱糊过程中，要防止穿堂风、防止干燥，如局部有翘边、气泡等，应及时修补。

**先装门还是先贴壁纸**

先了解一下先后顺序都会带来哪些利弊。

（1）先贴壁纸：如果是先贴壁纸后装门，好处是可以将壁纸边压住，这样比较美观，但是稍不注意把壁纸破坏了，那就损失大了，因为壁纸破了是没法修补的，只能重贴。

（2）先装门：壁纸后贴肯定不会因为装门破坏成品了，但随之而来的问题是，收边不好收，搞不好会出现一些缝隙，影响美观，壁纸和门框结合处，还得打玻璃胶。

在实际中，大多数都是壁纸最后再贴，这样可以保证大面上不出什么问题，至于细节的地方，只要工人稍微细心一点处理，问题不大。另外，局部的美观效果，肯定是要轻于大面的质量要求。

# 三、软包施工

### 1. 常见的软包用材料

（1）玻璃纤维印花墙布：以中碱玻璃纤维布为基材，表面涂以耐磨树脂，印上彩色图案而成。花色品种多，色彩鲜艳，不易褪色、不易老化、防火性能好，耐潮性强，可擦洗。但易断裂老化。涂层磨损后，散出的玻璃纤维对人体皮肤有刺激性作用。

（2）无纺墙布：采用棉、麻等天然纤维或涤纶、腈纶等合成纤维，经过无纺成型、上树脂、印制彩色花纹而成。无纺墙布色彩鲜艳、表面光洁、有弹性、挺括、不易折断、不易老化，对皮肤无刺激性，有一定的透气性和防潮性，可擦洗而不褪色。

（3）纯棉装饰墙布：以纯棉布经过处理、印花、涂层制作而成，强度大、静电小、蠕变性小、无光、吸声、无毒、无味，透气性、吸声性俱佳，但表面易起毛，不能擦洗。

（4）化纤装饰墙布：以化纤为基材，经处理后印花而成，无毒、无味、透气、防潮、耐磨。

（5）锦缎墙布：以锦缎制成，花纹艳丽多彩，质感光滑细腻，但价格昂贵。

（6）塑料墙布：用发泡聚氯乙烯制成，质地厚、富有弹性、立体感强、能保温、消除噪声、可擦洗。但透气性差，不吸湿，阳光直射下会褪色泛黄。

2. 现场施工要求

（1）软包工程施工中，在铺设或镶贴第一块面料时，应认真进行垂直校正和对花，拼花。特别是在预制镶嵌软包工程施工时，各块预制衬板的制作，安装更要对花和拼花，避免相邻的两面料的接缝不垂直和水平度不合格。

（2）软包工程的面料的下料应遵循样板剪裁的规格进行，以保证面料的宽窄一致，纹路方向一致，避免花纹图案的面料铺贴后，门窗两边或室内与柱子对称的两块面料的花纹图案不对称。

（3）软包工程施工前，对面料要认真进行挑选和核对，在同一场所应使用同一批面料，避免造成面层颜色，花纹等不一致。

（4）软包工程施工前，应认真核对装饰面，面料等得尺寸，加工中要认真仔细操作，防止在面料或镶嵌型条尺寸偏小，下料欠规矩或剪裁，切割不细，造成软包上口与挂镜线，下口与踢脚线上口接缝不严密，因露底而造成亏料，从而使相邻面料间的接缝不严密，因露底而造成离缝。

（5）软包墙面所用填充材料，纺织面料、木龙骨、木基层板等均应进行防火处理。

（6）墙面应均匀涂刷一层清油或满铺油纸做防潮处理；不得用沥青油毡做防潮层。

（7）龙骨宜采用凹槽榫工艺预制，可整体或分片安装，与墙体连接应紧密、牢固。

（8）软包工程的施工过程中，应加强检查和验收，防止在制作，安装镶嵌

木龙骨刷防火漆

型条过程中，施工人员不认真仔细，硬边衬板的木条倒角不一致，衬板在切割时边缘不直，不方正等，造成周边缝隙宽窄不一致。

（9）软包单元的填充材料制作尺寸应正确，棱角方正、与木基层板黏结紧密。

（10）布料裁剪时应经纬顺直。安装应紧贴墙面，接缝应严密，花纹应吻合，无波纹起伏、翘边、褶皱，表面整洁。

（11）墙面与压线条、贴脸线、踢脚板、电气盒等交接处应严密、顺直、无毛边。电器盒盖等开洞处，套割尺寸应准确。

（12）制作和安装型条时，选料一定要精细，制作和切割要细致认真，钉子的间距要符合要

求，避免安装后出现压条。

（13）软包饰面层材料在安装前要熨烫平整，在固定时装饰布要绷紧，绷直，避免安装完毕后出现褶皱和起泡现象。

3. 施工流程

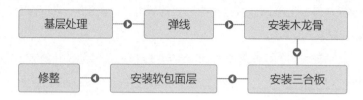

4. 施工重点

（1）基层处理：墙面基层应涂刷清油或防腐涂料，严禁用沥青油毡做防潮层。

（2）安装木龙骨：木龙骨竖向间距为400mm，横向间距为300mm；门框竖向正面设双排龙骨孔，距墙边为100mm，孔直径为14mm，深度不小于40mm，间距在250~300mm之间。木楔应做防腐处理且不削尖，直径应略大于孔径，钉入后端部与墙面齐平；如墙面上安装开关插座，在铺钉木基层时应加钉电气盒框格。最后，用靠尺检查龙骨面的垂直度和平整度，偏差应不大于3mm。

（3）安装三合板：三合板在铺钉前应在板背面涂刷防火涂料。木龙骨与三合板接触的一面应抛光使其平整。用气钉枪将三合板钉在木龙骨上，三合板的接缝应设置在木龙骨上，钉头应埋入板内，使其牢固平整。

（4）安装软包面层：在木基层上画出墙、柱面上软包的外框及造型尺寸，并按此尺寸切割九合板，按线拼装到木基层上。其中九合板钉出来的框格即为软包的位置，其铺钉方法与

软包现场施工

三合板相同；按框格尺寸，裁切出泡沫塑料块，用建筑胶粘剂将泡沫塑料块粘贴于框格内；将裁切好的织锦缎连同保护层用的塑料薄膜覆盖在泡沫塑料块上，用压角木线压住织锦缎的上边缘，

在展平织锦缎后用气钉枪钉牢木线，然后绷紧展平的织锦缎钉其下边缘的木线，最后，用锋刀沿木线的外缘裁切下多余的织锦缎与塑料薄膜。

# 四、木器涂刷

## （一）木作清漆涂刷

### 1.确认施工条件

（1）最好在常温15~30℃条件下进行，温度过低，油漆成膜变慢；温度超过35℃，涂刷性能将受不利影响。

（2）避免在潮湿环境下刷漆。在潮湿阴雨天气施工，会造成发白或干燥缓慢等问题。

（3）施工场地应通风良好，既有利于施工者的健康，利于涂料成膜，又可减少火灾隐患。但大风天气会影响涂层质量。

（4）施工环境必须保持干净，在施工过程中产生的粉尘与磨屑应立即清除干净，否则会影响到面漆漆膜的最终效果。

### 2.主要材料准备

（1）主要材料有光油、清油、酚醛清漆、铅油、醇酸清漆、石膏、大白粉、汽油、松香水、酒精、腻子等。

（2）常用的工具有棕刷、排笔、铲刀、腻子刀、钢刮板、调料刀、油灰刀、刮刀、打磨器、喷枪、空气压缩机等。

### 3.现场施工要求

（1）打磨基层是涂刷清漆的重要工序，应首先将木器表面的尘灰、油污等杂质清除干净。

（2）上润油粉也是清漆涂刷的重要工序，施工时用棉丝蘸油粉涂抹在木器的表面上，用手来回揉擦，将油粉擦入到木材的孔眼内。

（3）涂刷清油时，手握油刷要轻松自然，手指轻轻用力，以移动时不松动、不掉刷为准。

油漆涂刷

（4）涂刷时要按照蘸次多、每次少蘸油、操作时勤，顺刷的要求，依照先上后下、先难后易、先左后右、先里后外的顺序和横刷竖顺的操作方法施工。

（5）基层处理要按要求施工，以保证表面油漆涂刷质量，清理周围环境，防止尘土飞扬。油漆都有一定毒性，对呼吸道有较强的刺激作用，施工时一定要注意做好通风。

4. 施工流程

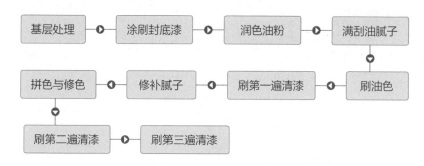

5. 施工重点

（1）基层处理：先将木材表面上的灰尘、胶迹等用刮刀刮除干净，但应注意不要刮出毛刺且不得刮破。然后用1号以上的砂纸顺木纹精心打磨，先磨线角、后磨平面直到光滑为止。当基层有小块翘皮时，可用小刀撕掉；如有较大的疤痕则应有木工修补；节疤、松脂等部位应用虫胶漆封闭，钉眼处用油性腻子嵌补。

（2）润色油粉：用棉丝蘸油粉反复涂于木材表面。擦进木材的棕眼内，然后用棉丝擦净，应注意墙面及五金上不得沾染油粉。待油粉干后，用1号砂纸顺木纹轻轻打磨，先磨线角后磨平面，直到光滑为止。

（3）刷油色：先将铅油、汽油、光油、清油等混合在一起过筛，然后倒在小油桶内，使用时要经常搅拌，以免沉淀造成颜色不一致。刷油的顺序应从外向内、从左到右、从上到下且顺着木纹进行。

（4）刷第一遍清漆：其刷法与油色相同，但刷第一遍清漆应略加一些稀料撇光以便快干。因清漆的黏性较大，最好使用已经用出刷口的旧棕刷，刷时要少蘸油，以保证不流、不坠、涂刷均匀。待清漆完全干透后，用1号砂纸彻底打磨一遍，将头遍漆面上的光亮基本打磨掉，再用潮湿的布将粉尘擦掉。

（5）拼色与修色：木材表面上的黑斑、节疤、腻子疤等颜色不一致处，应用漆片、酒精加色调配或用清漆、调和漆和稀释剂调

木作清漆涂刷

配进行修色。木材颜色深的应修浅，浅的提深，将深色和浅色木面拼成一色，并绘出木纹。最后用细砂纸轻轻往返打磨一遍，然后用潮湿的布将粉尘擦掉。

（6）刷第二遍清漆：清漆中不加稀释剂，操作同第一遍，但刷油动作要敏捷、多刷多理，使清漆涂刷得饱满一致、不流不坠、光亮均匀。刷此遍清漆时，周围环境要整洁。

### 油漆沾到手上怎么清除

（1）橄榄油：家里如果有橄榄油的话，涂抹一些在手上的油漆处，轻轻搓几下，充分浸透一会，过几分钟用肥皂进行清洗。

（2）花露水：用花露水涂在沾油漆的位置，过一会用肥皂清洗。

（3）花生油＋色拉油：搓在沾油漆的位置，再加些洗洁精搓一搓，最后再用抹布搓两下。

（4）香蕉油＋松油：用香蕉油涂于沾到油漆的位置洗一下，或者直接到油漆店买点松节油来进行清洗。

（5）汽油：用汽油涂一点在沾油漆的地方，再用肥皂进行清洗。

## （二）木作色漆涂刷

### 1. 主要材料准备

（1）主要材料有光油、清油、铅油、调和漆、石膏、大白粉、红土子、地板黄、松香水、酒精、腻子、稀释剂、催干剂等。

（2）常用的工具有棕刷、排笔、铲刀、腻子刀、钢刮板、调料刀、油灰刀、刮刀、打磨器、喷枪、空气压缩机等。

### 腻子膏和腻子粉

一般来说，腻子粉比腻子膏好！腻子膏是加了胶水的腻子粉，加入的胶水环保性不得而知。而且，腻子膏保质期短，时间长了发臭（一般保质期只有15天），如果能保更长时间就说明加了防腐剂。

腻子膏是以聚乙烯醇胶水加粉料搅拌成的墙面装饰材料，但是由于腻子膏所用聚乙烯醇胶水一般为缩醛胶水，该类胶水就是由聚乙烯醇在酸性环境下缩甲醛而成的胶水，由于工艺等原因通常有残余甲醛，所以腻子膏的环保型不敢保证。而腻子粉则相对环保得多，因为甲醛是不能以固态存在的。

墙面批腻子

2. 现场施工要求

（1）基层处理时，除清理基层的杂物外，还应进行局部的腻子嵌补，打砂纸时应顺着木纹打磨。

（2）在涂刷面层前，应用漆片（虫胶漆）对有较大色差和木脂的节疤处进行封底。应在基层涂干性油或清油，涂刷干性油层要所有部位均匀刷遍，不能漏刷。

（3）底子油干透后，满刮第一遍腻子，干后以手工砂纸打磨，然后补高强度腻子，腻子以挑丝不倒为准。涂刷面层油漆时，应先用细砂纸打磨。

（4）基层处理应按要求施工，以保证表面油漆涂刷质量，清理周围环境，防止尘土飞扬。油漆都有一定毒性，对呼吸道有较强的刺激作用，施工时一定要注意做好通风。

3. 施工流程

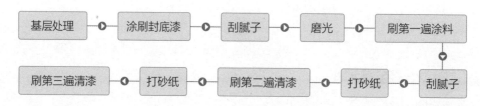

4. 施工重点

（1）第一遍刮腻子：待涂刷的清油干透后将钉孔、裂缝、节疤以及残缺处用石膏油腻子刮抹平整。腻子要不软不硬、不出蜂窝、挑丝不倒为准。刮时要横抹竖起，将腻子刮入钉孔或裂纹内。若接缝或裂缝较宽、孔洞较大，可用开刀或铲刀将腻子挤入缝洞内，使腻子嵌入后刮平收净，表面上腻子要刮光、无松散腻子及残渣。

（2）磨光：待腻子干透后，用1号砂纸打磨，打磨方法与底层打磨相同，但注意不要磨穿漆膜并保护好棱角，不留松散腻子痕迹。打磨完成后应打扫干净并用潮湿的布将打磨下来的粉末擦拭干净。

刷漆墙面保护措施

（3）涂刷：色漆的几遍涂刷要求，基本上与清漆一样，可参考清漆涂刷进行监控。

（4）打砂纸：待腻子干透后，用1号以下砂纸打磨。在使用新砂纸时，应将两张砂纸对磨，把粗大的砂粒磨掉，以免打磨时把漆膜划破。

（5）第二遍刮腻子：待第一遍涂料干透后，对底腻子收缩或残缺处用石膏腻子刮抹一次。

## （三）木器涂刷现场常见问题处理

### 1. 油漆起泡

首先，将泡刺破，如有水冒出，即说明漆层底下或背后有潮气渗入，经太阳一晒，水分蒸发成蒸气，就会把漆皮顶起成泡。此时，先用热风喷枪除去起泡的油漆，让木料自然干燥，然后刷上底漆，最后再在整个修补面上重新上漆。

若泡中无水，就可能是木纹开裂，内有少量空气，经太阳一晒，空气膨胀，漆皮就鼓起了。面对这种情况，先刮掉起泡的漆皮，再用树脂填料填平裂纹，重新上漆，或不用填料，在刮去漆皮后，直接涂上微孔漆。

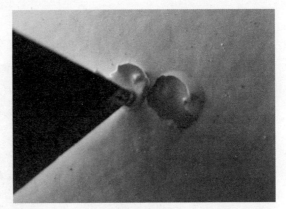

油漆起泡

### 2. 油漆出现裂纹

这种情况多半要用化学除漆剂或热风喷枪将漆除去后，再重新上漆。若断裂范围不大，这时可用砂磨块或干湿两用砂纸沾水，磨去断裂的油漆，在表面打磨光滑之后，抹上腻子，刷上底漆，并重新上漆。

油漆裂纹

### 3. 油漆流淌

油漆一次刷得太厚，会造成流淌。可趁漆尚未干，用刷子把漆刷开，若漆已开始变干，则要待其干透，用细砂纸把漆面打磨平滑，将表面刷干净，再用湿布擦净，然后重新上外层漆，注意不要刷得太厚。

### 4. 油漆污斑

漆表面产生污斑的原因很多。例如：乳胶漆中的水分溶化墙上的物质而锈出漆面，用钢丝绒擦过的墙面会产生锈斑，墙内暗管渗漏出现污斑等。为防止污斑，可先刷一层含铝粉的底漆，若已出现污斑，可先除去污斑

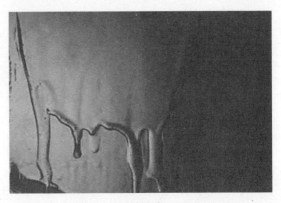

油漆流淌

处乳胶漆，刷一层含铝粉的底漆后，再重新上漆。

5. 漆面没有光泽

失去光泽原因是未上底漆，或底漆及内层漆未干就直接上有光漆，结果有光漆被木料吸收而失去光泽。有光漆的质量不好也是一个原因。

用干湿两用砂纸把旧漆磨掉，刷去打磨的灰尘，用干净湿布把表面擦净，待干透后，再重新刷上面漆。要特别注意的是，在气温很低的环境下涂漆，漆膜干后，也可能会失去光泽。

6. 漆膜起皱

通常是因第一遍漆未干即刷第二遍所引起的。这时下层漆中的溶剂会影响上层漆膜，使其起皱。出现这种情况可用化学除汞剂或加热法除去起皱的漆膜，重新上漆。在施工过程中，一定要等第一遍漆干透后，才可刷第二遍。

漆膜起皱

# 第六章

▼

# 装修施工验收

　　装修施工基本上是一环扣一环，前一道工序完工后，才能进行下一道工序施工，每道工序的完成质量都是下一道工序的质量前提，因此对于每一步施工质量的把控一点都不能马虎。除了紧盯现场施工细节外，对每一个工序的必要质量验收是最为可靠的保证。在装修施工过程中，建议根据装修流程，将基本的装修工序质量检查项目整理成便捷的验收记录表，对照质量验收标准，随做完、随验收。装修质量验收是双方面的，除了施工方自己日常的自检外，作为房主，在每一个工序完工时，都必须到现场认真验核质量情况。

| 序号 | 施工工序 | 完成情况 | 序号 | 施工工序 | 完成情况 |
|------|----------|----------|------|----------|----------|
| 1 | 放线 | | 11 | 现场木作 | |
| 2 | 拆除 | | 12 | 木作器具油漆 | |
| 3 | 墙体砌筑 | | 13 | 门套油漆 | |
| 4 | 水路改造 | | 14 | 造型墙油漆 | |
| 5 | 电线布管 | | 15 | 卫浴间墙地砖 | |
| 6 | 门套 | | 16 | 厨房墙地砖 | |
| 7 | 窗套 | | 17 | 卧室、客厅地面 | |
| 8 | 吊顶 | | 18 | 踢脚线 | |
| 9 | 封饰面板 | | 19 | 开关、插座、灯具安装 | |
| 10 | 墙、顶面抹灰 | | 20 | 卫浴洁具安装 | |

*1. 掌握材料进场验收。*

*2. 掌握水电现场施工验收。*

*3. 掌握砌筑与抹灰现场施工验收。*

学习要点

*4. 掌握吊顶、饰面板、木作现场施工验收。*

*5. 掌握油漆现场施工验收。*

*6. 掌握开关、插座、灯具现场安装验收。*

*7. 了解卫浴洁具、家电现场安装验收。*

# 一、材料验收

## （一）进场验收流程

### 1. 材料进场验收要求

在家庭装修过程中，与装修材料有关的纠纷非常多，归根结底，无外乎人们常说的"施工方以次充好"，以及"业主的材料供应影响施工进度和质量"这两个方面。如果业主在进行装修的时候能够把好材料进场验收这一关，则能够有效地避免这两方面的问题。一般来说，家庭装修中，对于材料的进场验收要做好以下几点。

材料验收要仔细

（1）通知合同另一方材料验收的时间。材料采购以后，购买方就需要通知另一方准备对材料进行验收，而且这个验收最好是安排在材料进场时立即进行。所以，约定验收时间非常必要，以免出现材料进场时，另一方没有时间对材料进行验收，进而影响施工进度。

（2）材料验收时装修合同中规定的验收人员必须到场。家装合同本身就是一份法律文书，一定要认真对待，最好在合同中明确规定材料验收责任人，这样即使出现问题也能够切实保障业主的权益。如果验收时规定的验收责任人不到场（验收人员又没有合同约定的验收责任人授权），或者验收责任人到场但没有负起验收的责任，都会导致材料出现问题。

（3）验收程序必须严格。验收责任人对合同中规定的每一个材料都应该进行必要的检查，如质量、规格、数量等。

（4）合同中规定的验收责任人应在完成材料验收工作后于验收单上签字。如果检查结果材料合格，验收责任人就应该在材料验收单上签字，这样做才是一个较完整且负责任的过程。

2. 材料进场验收单

### 装修材料进场验收记录

| 序号 | 材料名称 | 规格型号 | 品牌 | 单位 | 数量 | 生产厂家 | 合格与否 | 备注 |
|------|----------|----------|------|------|------|----------|----------|------|
|      |          |          |      |      |      |          |          |      |
|      |          |          |      |      |      |          |          |      |

施工方：　　　　　　　　　　　　业主（验收责任人）：

　　年　月　日　　　　　　　　　　　年　月　日

## （二）装修材料进场顺序

家装工程虽然不算大工程，但是装修中所需主材和辅材数量也不少，各种装修主材和辅材并不是在家装工程开工后就一股脑地搬进新房内，也不是在开工之后再一件一件地开始选建材，装修主材和辅材进场有其一定的顺序，业主一定要特别注意。现在一般装修业主都是选择把装修辅材交由装修公司负责，装修主材自己购买，所以业主只需操心装修主材购买的顺序，保证装修主材的供应能跟上家装工程的进度。一般材料的进场顺序如下表所示：

| 序号 | 材料 | 施工阶段 | 准备内容 |
|------|------|----------|----------|
| 1 | 防盗门 | 开工前 | 最好一开工就能给新房安装好防盗门，防盗门的定做周期一般为一周左右 |
| 2 | 水泥、砂子、腻子等辅料 | 开工前 | 一般不需要提前预订 |
| 3 | 龙骨、石膏板等 | 开工前 | 一般不需要提前预订 |
| 4 | 白乳胶、原子灰、砂纸等辅料 | 开工前 | 木工和油工都可能需要用到这些辅料 |

| 序号 | 材料 | 施工阶段 | 准备内容 |
|---|---|---|---|
| 5 | 滚刷、毛刷、口罩等工具 | 开工前 | 一般不需要提前预订 |
| 6 | 热水器、小厨宝 | 水电改前 | 其型号和安装位置会影响到水电改造方案和橱柜设计方案 |
| 7 | 卫浴洁具 | 水电改前 | 其型号和安装位置会影响到水电改造方案 |
| 8 | 水槽、面盆 | 橱柜设计前 | 其型号和安装位置会影响到水改方案和橱柜设计方案 |
| 9 | 抽油烟机、灶具 | 橱柜设计前 | 其型号和安装位置会影响到电改方案和橱柜设计方案 |
| 10 | 排风扇、浴霸 | 电改前 | 其型号和安装位置会影响到电改方案 |
| 11 | 橱柜、浴室柜 | 开工前 | 墙体改造完毕就需要商家上门测量，确定设计方案，其方案还可能影响水电改造方案 |
| 12 | 水路改造 | 开工前 | 墙体改造完就需要工人开始工作，这之前要确定施工方案和确保所需材料到场 |
| 13 | 电路改造 | 开工前 | 墙体改造完就需要工人开始工作，这之前要确定施工方案和确保所需材料到场 |
| 14 | 室内门 | 开工前 | 墙体改造完毕就需要商家上门测量 |
| 15 | 门窗 | 开工前 | 墙体改造完毕就需要商家上门测量 |
| 16 | 防水材料 | 瓦工入场前 | 卫生间先要做好防水工程，防水涂料不需要预定 |
| 17 | 瓷砖、勾缝剂 | 瓦工入场前 | 有时候有现货，有时候要预订，所以先计划好时间 |
| 18 | 石材 | 瓦工入场前 | 窗台，地面，过门石，踢脚线都可能用石材，一般需要提前三四天确定尺寸预订 |
| 19 | 地漏 | 瓦工入场前 | 瓦工铺贴地砖时同时安装 |
| 20 | 吊顶材料 | 瓦工开始 | 瓦工铺贴完瓷砖三天左右就可以吊顶，一般吊顶需要提前三四天确定尺寸预订 |

续表

| 序号 | 材料 | 施工阶段 | 准备内容 |
|------|------|----------|----------|
| 21 | 乳胶漆 | 油工入场前 | 墙体基层处理完毕就可以刷乳胶漆，一般到超市直接购买 |
| 22 | 木工板及钉子等 | 木工入场前 | 不需要提前预订 |
| 23 | 油漆 | 油工入场前 | 不需要提前预订 |
| 24 | 地板 | 较脏的工程完成后 | 最好提前一周订货，以防挑选的花色缺货，安排前两三天预约 |
| 25 | 壁纸 | 地板安装后 | 进口壁纸需要提前20天左右订货，但为防止缺货，最好提前一个月订货，铺装前两三天预约 |
| 26 | 门锁、门吸、合页等 | 基本完工后 | 不需要提前预订 |
| 27 | 玻璃胶及胶枪 | 开始全面安装前 | 很多五金洁具安装时需要打一些玻璃胶密封 |
| 28 | 水龙头、厨卫五金件等 | 开始全面安装前 | 一般款式不需要提前预订，如果有特殊要求可能需要提前一周 |
| 29 | 镜子等 | 开始全面安装前 | 如果定做镜子，需要四五天制作周期 |
| 30 | 灯具 | 开始全面安装前 | 一般款式不需要提前预订，如果有特殊要求可能需要提前一周 |
| 31 | 开关、面板等 | 开始全面安装前 | 一般不需要提前预订 |
| 32 | 升降晾衣架 | 开始全面安装前 | 一般款式不需要提前预订，如果有特殊要求可能需要提前一周 |
| 33 | 地板蜡、石材蜡等 | 保洁前 | 可以买好点的蜡让保洁人员在自己家中使用 |
| 34 | 窗帘 | 完工前 | 保洁后就可以安装窗帘了，窗帘需要一周左右的订货周期 |

| 序号 | 材料 | 施工阶段 | 准备内容 |
|---|---|---|---|
| 35 | 家具 | 完工前 | 保洁后就可以让商家送货了 |
| 36 | 家电 | 完工前 | 保洁后就可以让商家送货安装了 |
| 37 | 配饰 | 完工前 | 装饰品、挂画等配饰，保洁后就可以自己选购了 |

## （三）装修材料质量验收标准

目前装饰建材市场中，各种装饰材料优劣并存，质量参差不齐，业主在选购装饰材料时，如果不具备相关的材料知识，很容易上当受骗。可是，让所有在装修现场中的业主都成为材料专家也并不现实，所以，在下列表中列举了一些简单明了的选购标准，要求必须符合表中的标准才可视为合格材料，这样能帮助广大业主检验材料的质量，从而减少不必要的损失。

| 材料名称 | 检验标准 | 是否符合 | 是否合格 |
|---|---|---|---|
| 木龙骨 | 要选木节较少、较小的木方，如果木结大而且多，钉子、螺钉在木节处会拧不进去或者钉断木方。会导致结构不牢固，而且容易从木结处断裂 | 是<br>否 | 是<br>否 |
| | 要选没有树皮、虫眼的木方，树皮是寄生虫栖身之地，有树皮的木方易生蛀虫，有虫眼的也不能用。如果这类木方用在装修中，蛀虫会吃掉所有能吃的木质 | 是<br>否 | |
| | 要选密度大的木方，用手拿有沉重感，用指甲抠不会有明显的痕迹，用手压木方有弹性，弯曲后容易复原，不会断裂 | 是<br>否 | |
| | 要尽量选择加工结束时间长一些的，而且没有被露天存放的，因为这样的龙骨比近期加工完的，含水率会低一些，同时变形、翘曲的概率也小一些 | 是<br>否 | |
| 木质线条 | 未上漆木线应先看整根木线是否光洁、平实，手感是否顺滑，有无毛刺。尤其要注意木线是否有节子、开裂、腐朽、虫眼等现象 | 是<br>否 | 是<br>否 |
| | 上漆木线，可以从背面辨别木质，毛刺多少，仔细观察漆面的光洁度，上漆是否均匀，色度是否统一，有否色差、变色等现象 | 是<br>否 | |
| | 木线也分为清油和混油两类。清油木线对材质要求较高，市场售价也较高。混油木线对材质要求相对较低，市场售价也比较低 | 是<br>否 | |

续表

| 材料名称 | 检验标准 | 是否符合 | 是否合格 |
|---|---|---|---|
| 电线 | 电线的外观应光滑平整，绝缘和护套层无损坏，标志印刷清晰，手摸电线时无油腻感 | 是 否 | 是 |
| | 从电线的横截面看，电线的整个圆周上绝缘或护套的厚度应均匀，不应偏芯，绝缘或护套应有一定的厚度 | 是 否 | 否 |
| 白乳胶 | 外观为乳白色稠厚液体，一般无毒无味、无腐蚀、无污染，应是水性胶粘剂 | 是 否 | 是 |
| | 注意胶体应均匀，无分层，无沉淀，开启容器时无刺激性气味 | 是 否 | 否 |
| 细木工板 | 观察板面是否有起翘、弯曲，有无鼓包、凹陷等；观察板材周边有无补胶、补腻子现象。查看芯条排列是否均匀整齐，缝隙越小越好。板芯的宽度不能超过厚度的 2.5 倍，否则容易变形 | 是 否 | 是 |
| | 用手触摸，展开手掌，轻轻平抚木芯板板面，如感觉到有毛刺扎手，则表明质量不高 | 是 否 | |
| | 用双手将细木工板一侧抬起，上下抖动，倾听是否有木料拉伸断裂的声音，有则说明内部缝隙较大，空洞较多。优质的细木工板应有一种整体感、厚重感 | 是 否 | 否 |
| | 从侧面拦腰锯开后，观察板芯的木材质量是否均匀整齐，有无腐朽、断裂、虫孔等，实木条之间缝隙是否较大 | 是 否 | |
| 胶合板 | 胶合板要木纹清晰，正面光洁平滑，不毛糙，平整无滞手感。夹板有正反两面的区别 | 是 否 | 是 |
| | 双手提起胶合板一侧，观察板材是否平整、均匀、无弯曲起翘的情况 | 是 否 | |
| | 个别胶合板是将两个不同纹路的单板贴在一起制成的，所以要注意胶合板拼缝处是否严密，是否有高低不平的现象 | 是 否 | |
| | 要注意已经散胶的胶合板。手敲胶合板各部位时，如果声音发脆，则证明质量良好；若声音发闷，则表示胶合板已出现散胶现象 | 是 否 | 否 |
| | 胶合板应该没有明显的变色及色差，颜色统一，纹理一致。注意是否有腐朽变质现象 | 是 否 | |

| 材料名称 | 检验标准 | 是否符合 | 是否合格 |
|---|---|---|---|
| 薄木贴面板 | 观察贴面（表皮），看贴面的厚薄程度，越厚的性能越好，油漆后实木感逼真、纹理清晰、色泽鲜亮饱和度好 | 是<br>否 | 是<br><br>否 |
| | 装饰性要好，其外观应有较好的美感，材质应细致均匀、色泽清晰、木色相近、木纹美观 | 是<br>否 | |
| | 表面无明显瑕疵，其表面光洁，无毛刺沟痕和刨刀痕；应无透胶现象和板面污染现象 | 是<br>否 | |
| 纤维板 | 纤维板应厚度均匀，板面平整、光滑，没有污渍、水渍、胶渍等 | 是<br>否 | 是<br><br>否 |
| | 四周板面细密、结实、不起毛边 | 是<br>否 | |
| | 用手敲击板面，声音清脆悦耳、均匀的纤维板质量较好。声音发闷，则可能发生了散胶问题 | 是<br>否 | |
| 刨花板 | 注意厚度是否均匀，板面是否平整、光滑，有无污渍、水渍、胶渍等 | 是<br>否 | 是<br><br>否 |
| | 刨花板中不允许有断痕、透裂、单个面积大于 $40mm^2$ 的胶斑、石蜡斑、油污斑等污染点、边角残损等缺陷 | 是<br>否 | |
| 铝塑板 | 看厚度是否达到要求，必要时可使用游标卡尺测量。还应准备一块磁铁，检验一下所选的板材是铁还是铝 | 是<br>否 | 是<br><br>否 |
| | 看铝塑板的表面是否平整光滑，有无波纹、鼓泡、疵点、划痕 | 是<br>否 | |
| 铝扣板 | 拿一块样品敲打几下，仔细倾听，声音脆的说明基材好，声音发闷说明杂质较多 | 是<br>否 | 是<br><br>否 |
| | 拿一块样品反复掰折，看它的漆面是否脱落、起皮。好的铝扣板漆面只有裂纹，不会有大块油漆脱落。好的铝扣板正背面都有漆，因为背面的环境更潮湿，有背漆的铝扣板的使用寿命比只有单面漆的更长 | 是<br>否 | |
| | 铝扣板的龙骨材料一般为镀锌钢板，看它的平整度、加工的光滑程度以及龙骨的精度，误差范围越小，精度越高，质量越好 | 是<br>否 | |

| 材料名称 | 检验标准 | 是否符合 | 是否合格 |
|---|---|---|---|
| 石膏板 | 观察板面，优质纸面石膏板用的是进口的原木浆纸，重量轻且薄，强度高，表面光滑，无污渍，纤维长，韧性好。而劣质的纸面石膏板用的是再生纸浆生产出来的板材，较重较厚，强度较差，表面粗糙，有时可看见油污斑点，易脆裂。板面的好坏还直接影响到石膏板表面的装饰性能。优质纸面石膏板表面可直接涂刷涂料，劣质纸面石膏板表面必须做满批腻子后才能做最终装饰 | 是 否 | 是 否 |
| | 观察板芯，优质纸面石膏板选用高纯度的石膏矿作为芯体材料的原材料，而劣质的纸面石膏板对原材料的纯度缺乏控制。纯度低的石膏矿中含有大量的有害物质，好的纸面石膏板的板芯白，而差的纸面石膏板板芯发黄（含有黏土）颜色暗淡 | 是 否 | |
| | 观察纸面黏结强度，用裁纸刀在石膏板表面划一个 45° 角的"叉"，然后在交叉的地方揭开纸面，优质的纸面石膏板的纸张依然黏结在石膏芯上，石膏芯体没有裸露；而劣质纸面石膏板地纸张则可以撕下大部分甚至全部纸面，石膏芯完全裸露出来 | 是 否 | |
| 装饰石材 | 观，即肉眼观察石材的表面结构。一般说来，均匀的细料结构的石材具有细腻的质感，为石材之佳品；粗粒及不等粒结构的石材外观效果较差，机械力学性能也不均匀，质量稍差 | 是 否 | 是 否 |
| | 量，即量石材的尺寸规格，以免影响拼接，或造成拼接后的图案、花纹、线条变形，影响装饰效果 | 是 否 | |
| | 听，即听石材的敲击声音。一般而言，质量好的，内部致密均匀且无显微裂隙的石材，其敲击声清脆悦耳；相反，若石材内部存在显微裂隙或细脉或因风化导致颗粒间接触变松，则敲击声粗哑 | 是 否 | |
| | 试，即用简单的试验方法来检验石材质量好坏。通常在石材的背面滴上一小滴墨水，如墨水很快四处分散浸出，即表示石材内部颗粒较松或存在显微裂隙，石材质量不好；反之，若墨水滴在原处不动，则说明石材致密质地好 | 是 否 | |
| 陶瓷墙地砖 | 用尺测量，质量好的地砖规格大小统一、厚度均匀、边角无缺陷、无凹凸翘角等，边长的误差不超过 0.2~0.3cm，厚薄的误差不超过 0.1cm | 是 否 | 是 否 |
| | 用耳听，可用手指垂直提起陶瓷砖的边角，让瓷砖轻松垂下，用另一手指轻敲瓷砖中下部，声音清亮清脆的是上品，沉闷混浊的是下品 | 是 否 | |

| 材料名称 | 检验标准 | 是否符合 | 是否合格 |
|---|---|---|---|
| 装饰玻璃 | 检查玻璃材料的外观，看其平整度，观察有无气泡、夹杂物、划痕、线道和雾斑等质量缺陷。存在此类缺陷的玻璃，在使用中会发生变形或降低玻璃的透明度、机械强度以及玻璃的热稳定性 | 是 否 | 是 否 |
| 壁纸 | 好的壁纸色牢度高，用湿布或水擦洗而不发生变化 | 是 否 | 是 否 |
| | 壁纸表面涂层材料及印刷颜料都需经优选并严格把关，能保证壁纸经长期光照后（特别是浅色、白色墙纸）不发黄 | 是 否 | |
| | 看图纹风格是否独特，制作工艺是否精良 | 是 否 | |
| 乳胶漆 | 用鼻子闻：真正环保的乳胶漆应是水性无毒无味的，所以当你闻到刺激性气味或工业香精味，就不能选择 | 是 否 | 是 否 |
| | 用眼睛看：放一段时间后，正品乳胶漆的表面会形成厚厚的、有弹性的氧化膜，不易裂；而次品只会形成一层很薄的膜，易碎，具有辛辣气味 | 是 否 | |
| | 用手感觉：用木棍将乳胶漆拌匀，再用木棍挑起来，优质乳胶漆往下流时会成扇面形。用手指摸，正品乳胶漆应手感光滑、细腻 | 是 否 | |
| 木器漆 | 有些厂家为了降低生产成本，没有认真执行国家标准，有害物质含量大大超过标准规定，如三苯含量过高，它可以通过呼吸道及皮肤接触，使身体受到伤害，严重的可导致急性中毒。木器漆的作业面比较大，不能为了贪一时的便宜，给今后的健康留下隐患 | 是 否 | 是 否 |
| 地毯 | 观察地毯的绒头密度，可用手去触摸地毯，产品的绒头质量高的，毯面的密度就丰满，这样的地毯弹性好、耐踩踏、耐磨损、舒适耐用。但不要采取挑选长毛绒的方法来辨别地毯质量，表面上看起来绒绒乎乎好看，但绒头密度稀松，绒头易倒伏变形，这样的地毯不抗踩踏，易失去地毯特有的性能，不耐用 | 是 否 | 是 否 |
| | 检测色牢度，色彩多样的地毯，质地柔软，美观大方。选择地毯时，可用手或试布在毯面上反复摩擦数次，看手或布上是否沾有颜色，如沾有颜色，则说明该产品的色牢度不佳，地毯在铺设使用中易出现变色和掉色现象，影响在铺设使用中的美观效果 | 是 否 | |

续表

| 材料名称 | 检验标准 | 是否符合 | 是否合格 |
|---|---|---|---|
| 地毯 | 检测地毯背衬剥离强力，簇绒地毯的背面用胶乳粘有一层网格底布。在检验该类地毯时，可用手将底布轻轻撕一撕，看看黏结力的程度，如果黏结力不高，底布与毯体就容易分离，这样的地毯不耐用 | 是<br>否 | 是<br><br>否 |
| 五金配件 | 仔细观察外观工艺是否粗糙 | 是<br>否 | 是<br><br>否 |
| | 用手折合（或开启）几次看开关是否自如，有无异常杂声 | 是<br>否 | |

# 二、现场施工验收

## （一）装修验收的不同阶段

### 1. 装修质量监控阶段

装修质量监控是家庭装修的重要步骤，对装修中的各个部分进行阶段性控制可以避免装修后期一些质量问题的出现。一般把装修质量监控分为初期、中期和尾期三个阶段。每个阶段验收项目都不相同，尤其是中期阶段的隐蔽工程验收，对家庭装修的整体质量来说至关重要。

### 2. 装修初期质量监控

初期检验最重要的是检查进场材料（如腻子、胶类等）是否与合同中预算单上的材料一致，尤其要检查水电改造材料（电线、水管）的品牌是否属于前期确定的品牌，避免进场材料中掺杂其他材料影响后期施工。如果业主发现进场材料与合同中的品牌不同，则可以拒绝在材料验收单上签字，直至与装修公司协商解决后再签字。

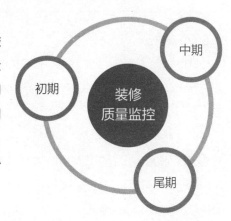

### 3. 装修中期质量监控

一般装修进行 15 天左右就可进行中期检验（别墅施工时间相对较长），中期工程是装修检验中最复杂的步骤，其检验是否合格将会影响后期多个装修项目的进行。

（1）吊顶。首先要检查吊顶的木龙骨是否涂刷了防火材料，其次是检查吊杆的间距，吊杆间距不能过大否则会影响其承受力，间距应在 600~900mm。再次要查看吊杆的牢固性，是否有晃动现象。吊杆应该使用膨胀螺栓固定，一些工人为了节约成本使用木栓，而木栓难以保证吊杆的稳定性。垂直方向上吊杆必须使用膨胀螺栓固定，横向则可以使用塑料螺栓。最后还应该用拉线的方法检查龙骨的平整度。

（2）水路改造。对水路改造的检验主要是进行打压实验，打压时压力不能小于 6kg 力，打压时间不能少于 15 分钟。然后检查压力表是否有泄压的情况，如果出现泄压则要检查阀门是否关闭，如果出现管道漏水问题要立即通知项目负责人，将管道漏水情况处理后才能进行下一步施工。

（3）电路改造。检验电路时，一定要注意使用的电线是否为预算单中确定的品牌以及电线质量等各方面是否达标。检验电路改造时还要检查插座的封闭情况，如果原来的插座进行了移位，移位处要进行防潮防水处理，应用三层以上的防水胶布进行封闭。同时还要检验吊顶里的电路接头是否也用防水胶布进行了处理。

（4）木制品。首先要检查现场木作的尺寸是否精确。现场制作的木门还应检查门的开启方向是否合理，木门上方和左右的门缝不能超过 3mm，下缝一般为 5~8mm。除了查看门缝，还应该检查门套的接缝是否严密。

（5）墙砖、地砖。墙、地砖主要是检查其空鼓率和色差。业主可以使用小锤子敲打墙、地砖的边角，检查是否存在空鼓现象。墙、地砖的空鼓率不能超过 5%，否则会出现脱落。值得注意的是，墙、地砖不允许出现中间空鼓，砂浆不饱满、基层处理不当、瓷砖泡水时间不足都可能导致瓷砖中间空鼓，如果出现这种问题，业主应要求工人将这部分瓷砖铲除重贴。检查色差时要注意瓷砖的品牌是否相同、是否是同一批号以及是否在同一时间铺贴。业主还应检查墙、地砖砖缝的美观度，一般情况下，无缝砖的砖缝在 1.5mm 左右，不能超过 2mm，边缘有弧度的瓷砖砖缝为 3mm 左右。

（6）墙面、顶面。验收墙面、顶面应该检查其腻子的平整度，可以用靠尺进行检验，误差在 2~3mm 以内为合格。业主在验收墙面、顶面时尤其要注意阴阳角是否方正、顺直，用方尺检验即可。

（7）防水。防水验收是中期验收的另一个重头戏，主要就是通过做闭水实验来验收。除了检验地漏房间的防水，业主还应检验淋浴间墙面的防水，检验墙面防水时可以先检查墙面的刷漆是否均匀一致，有无漏刷现象，尤其要检查阴阳角是否有漏刷，避免阴阳角漏刷导致返潮发霉。墙面的防水高度也要进行检验，检验时业主可以核对墙面的防水高度是否达到了装修公司承诺的高度，一般淋浴间的防水高度为 1.8m 左右，但从经济的角度考虑，业主可以在淋浴间设置 1.8m 高的防水，其他区域设置高于 1.5m 的防水。

如果业主在中期检验时发现了问题，应立即告之工人要求整改，工人整改完毕后应通知业主进行再次检验。

### 4.装修后期质量控制

后期控制相对中期检验来说比较简单，主要是对中期项目的收尾部分进行检验。如木制品、墙面、顶面，业主应对其表面油漆、涂料的光滑度、是否有流坠现象以及颜色是否一致进行检验。

装修后期质量控制

（1）电路主要查看插座的接线是否正确以及是否通电，卫浴间的插座应设有防水盖。

（2）水路改造的检查同样也是重点。业主需要检查有地漏的房间是否存在"倒坡"现象，检验方法非常简单：打开水龙头或者花洒，一定时间后看地面流水是否通畅，有无局部积水现象。除此之外，还应对地漏的通畅、坐便器和洗手盆的流水进行检验。

（3）除了对中期项目的收尾部分进行检验，业主还应检验地板、塑钢窗等尾期进行的装修项目。检验地板时，应查看地板的颜色是否一致，是否有起翘、响声等情况。检验塑钢窗时，可以检查塑钢窗的边缘是否留有1~2cm的缝隙填充发泡胶。此外还检查塑钢窗的牢固性，一般情况下，每60~90cm应该打一颗螺栓固定塑钢窗，如果塑钢窗的固定螺栓太少将影响塑钢窗的使用。

（4）在进行尾期检验时，业主还应该注意一些细节问题，例如，厨房、卫浴间的管道是否留有检查备用口，水表、气表的位置是否便于读数等。

后期检验需要业主、设计师、工程监理、施工负责人四方参与，对工程材料、设计、工艺质量进行整体检验，合格后才可签字确认。

**装修验收中的误区**

（1）重结果不重过程。有些业主甚至包括一些公司的工程监理，对装修过程中的检验不是很重视，到了工程完工时，才发现有些地方的隐蔽工程没有做好，如因防水处理不好，导致的卫浴间、墙壁发霉等。

（2）忽略室内空气质量检验。对于装修后的室内空气质量，尽管装修公司在选择材料的时候都用有国家环保认证的装修材料，但是，因为目前市场上的任何一款材料，都或多或少地有一定的有害物质，所以在装修的过程中，难免会产生一定的空气污染。有条件的家庭最好在装修完毕之后做室内空气质量检测，检验检测、治理合格之后再入住。

## （二）装修验收重点

家庭装修质量一般按照水、电、瓦、木、油这 5 个方面进行监控，作为非专业的普通业主在进行质量检查时应注意以下几点。

（1）水池、面盆、洁具的安装是否平整、牢固、顺直；上下水路管线是否顺直，紧固件是否已安装，接头有无漏水和渗水现象。

（2）电源线是否使用国标铜线，一般照明和插座使用截面积为 $2.5mm^2$ 的线；厨卫间使用截面积为 $4mm^2$ 的线，如果电源线是多股线还要进行焊锡处理后方可接在开关插座上；电视和电话信号线要和电源线保持一定的距离（不小于 250mm），灯具的安装要使用金属吊点，完工后要逐个试验。

（3）施工前要进行预排预选工序，把规格不一的材料分成几类，分别放在不同的房间或平面，以使砖缝对齐，把个别翘角的材料作为切割材料使用，这样就能使用质量较低的材料装出较好的效果。

（4）选择木材一定要选烘干的材料，这样才可避免日后的变形；木材表面应涂刷防火防腐材料后方可使用，细木工板要选用质量高环保的材料。大面积吊顶、墙裙每平方米不少于 8 个固定点，吊顶要使用金属吊点，门窗的制作要使用好些的材料以防变形。地板找平的木方要大些（不小于 6mm×6mm）。

（5）装饰装修的表面处理最为关键，油漆一定要选用优质材料，涂刷或喷漆之前一定要做好表面处理，混油先在木器表面挂平原子灰，经打磨平整后再喷涂油漆，墙面的墙漆在涂刷前，一定要使用底漆（以隔绝墙和面漆的酸碱反应），以防墙面变色。

## （三）装修验收常用工具

（1）卷尺：卷尺是大家日常生活中常用的工具，在验房时主要用来测量房屋的净高、净宽和橱柜等的尺寸。检验预留的空间是否合理，橱柜的大小是否和原设计一致。

（2）垂直检测尺（靠尺）：垂直检测尺是家装监理中使用频率最高的一种检测工具，用来检测墙面、瓷砖是否平整、垂直，地板龙骨是否水平、平整。

（3）塞尺：将塞尺头部插入缝隙中，插紧后退出，游码刻度就是缝隙大小，检查它们是否符合要求。

（4）对角检测尺：检测方形物体两对角线长度对比偏差，将尺子放在方形物体的对角线上进行测量。

（5）方尺：方尺主要用来检测墙角、门窗边角是否呈直角，使用时，只需将方尺放在墙角或门窗内角，看两条边是否和尺的两边吻合。

（6）检验锤：这个可以自由伸缩的小金属锤是专门用来测试墙面和地面的空鼓情况的，通过敲打时发出的声音来判断墙面是否存在空鼓现象。

（7）磁铁笔：这个貌似笔头的工具里面是一块磁铁，具有很强的磁性，专门用来测试门窗内部是否有钢衬。由于合格的塑钢窗内部是由钢衬支撑的，可以保持门窗不变形，如果门窗内部有钢衬就能紧紧吸住这个磁铁笔。

（8）试电插座：试电插座是用来测试电路内线顺序是否正常的一项必备工具。试电插座上有三个指示灯，从左至右分别表示零线、地线、火线。当右边的两个指示灯同时亮时，表示电路是正常的，当三个灯全部熄灭时则表示电路中没有相线；只有中间的灯亮时表示缺地线；只有右边的灯亮时表示缺零线。

## （四）水路施工验收

| 序号 | 检验标准 | 是否符合 | |
|---|---|---|---|
| 1 | 管道工程施工除需符合工艺要求外，还应符合国家有关标准规范 | 是 | 否 |
| 2 | 给水管道与附件、器具连接严密，经通水实验无渗水 | 是 | 否 |
| 3 | 排水管道应畅通，无倒坡、无堵塞、无渗漏，地漏篦子应略低于地面 | 是 | 否 |
| 4 | 卫生器具安装位置正确，器具上沿要水平端正牢固，外表光洁无损伤 | 是 | 否 |
| 5 | 管材外观质量：管壁颜色一致，无色泽不均匀及分解变色线，内外壁应光滑、平整无气泡、裂口、裂纹、脱皮、痕纹及碰撞凹陷。公称外径不大于32mm，盘管卷材调直后截断面应无明显椭圆变形 | 是 | 否 |
| 6 | 管检验压力，管壁应无膨胀、无裂纹、无泄漏 | 是 | 否 |
| 7 | 明管、主管管外皮距墙面距离一般为2.5~3.5cm | 是 | 否 |
| 8 | 冷热水间距一般不小于150~200mm | 是 | 否 |
| 9 | 卫生器具采用下供水，甩口距地面一般为350~450mm | 是 | 否 |
| 10 | 洗脸盆、台面距地面一般为800mm，沐浴器为1800~2000mm | 是 | 否 |
| 11 | 阀门应注意：低进高出，沿水流方向 | 是 | 否 |

## （五）电路施工验收

| 序号 | 检验标准 | 是否符合 | |
|---|---|---|---|
| 1 | 所有房间灯具使用正常 | 是 | 否 |
| 2 | 所有房间电源及空调插座使用正常 | 是 | 否 |

续表

| 序号 | 检验标准 | 是否符合 | |
|---|---|---|---|
| 3 | 所有房间电话、音响、电视、网络使用正常 | 是 | 否 |
| 4 | 有详细的电路布置图，标明导线规格及线路走向 | 是 | 否 |
| 5 | 灯具及其支架牢固端正，位置正确，有木台的安装在木台中心 | 是 | 否 |
| 6 | 导线与灯具连接牢固紧密，不伤灯芯，压板连接时无松动、水平、无斜，螺栓连接时，在同一端子上导线不超过两根，防松垫圈等配件齐全 | 是 | 否 |

## （六）吊顶施工验收

| 序号 | 检验标准 | 是否符合 | |
|---|---|---|---|
| 1 | 吊顶的标高、尺寸、起拱和造型是否符合设计的要求 | 是 | 否 |
| 2 | 饰面材料的材质、品种、规格、图案和颜色应符合设计要求。当饰面材料为玻璃板时，应使用安全玻璃或采取可靠的安全措施 | 是 | 否 |
| 3 | 饰面材料的安装应稳固严密。饰面材料与龙骨的搭接宽度应大于龙骨受力面宽度的 2/3 | 是 | 否 |
| 4 | 吊杆、龙骨的材质、规格、安装间距及连接方式应符合设计要求。金属吊杆、龙骨应进行表面防腐处理；木龙骨应进行防腐、防火处理 | 是 | 否 |
| 5 | 明龙骨吊顶工程的吊杆和龙骨安装必须牢固 | 是 | 否 |
| 6 | 暗龙骨吊顶工程的吊杆、龙骨和饰面材料的安装必须牢固 | 是 | 否 |
| 7 | 石膏板的接缝应按其施工工艺标准进行板缝防裂处理。安装双层石膏板时，面板层与基层板的接缝应错开，并不得在同一根龙骨上接缝 | 是 | 否 |
| 8 | 饰面材料表面应洁净、色泽一致，不得有翘曲、裂缝及缺损。饰面板与明龙骨的搭接应平整、吻合，压条应平直、宽窄一致 | 是 | 否 |
| 9 | 饰面板上的灯具、烟感器、喷淋等设备的位置应合理、美观，与饰面板的交接应严密吻合 | 是 | 否 |
| 10 | 金属龙骨的接缝应平整、吻合、颜色一致，不得有划伤、擦伤等表面缺陷 | 是 | 否 |
| 11 | 木质龙骨应平整、顺直、无劈裂 | 是 | 否 |
| 12 | 吊顶内填充吸声材料的品种和铺设厚度应符合设计要求，并应有防散落措施 | 是 | 否 |

## （七）门窗安装验收

### 1. 塑钢门窗安装验收表

| 序号 | 检验标准 | 是否符合 |
|---|---|---|
| 1 | 塑钢门窗的品种、类型、规格、开启方向、安装位置、连接方法及填嵌密封处理应符合要求。内衬增强型钢的壁厚及设置应符合质量要求 | 是　否 |
| 2 | 塑钢门窗框的安装必须牢固。固定片或膨胀螺栓的数量与位置应正确，连接方式应符合要求。固定点应距穿角、中横框、中竖框 150~200mm，固定点间距应不大于 600mm | 是　否 |
| 3 | 塑钢门窗拼樘料内衬增强型钢的规格、壁厚必须符合要求，型钢应与型材内腔紧密吻合，其两端必须与洞口固定牢固。窗框必须与拼樘料连接紧密，固定点间距不大于 600mm | 是　否 |
| 4 | 塑钢门窗扇应开关灵活、关闭严密，无倒翘。推拉门窗扇必须有防脱落措施 | 是　否 |
| 5 | 塑钢门窗配件的型号、规格、数量应符合设计要求，安装应牢固，位置应正确，功能应满足使用要求 | 是　否 |
| 6 | 塑钢门窗框与墙体间缝隙应采用闭孔弹性材料填嵌饱满，表面应采用密封胶密封。密封胶应黏结牢固，表面应光滑、顺直、无裂纹 | 是　否 |
| 7 | 塑钢门窗表面应洁净、平整、光滑、大面应无划痕、碰伤 | 是　否 |
| 8 | 塑钢门窗扇的密封条不得脱槽、旋转窗间隙应基本均匀 | 是　否 |
| 9 | 平开门窗扇应开关灵活，平铰链的开关力应不大于 80N；滑撑铰链的开关力应不大于 80N，并不小于 30N；推拉门窗扇的开关力应不大于 100N | 是　否 |

### 2. 木门窗安装验收表

| 序号 | 检验标准 | 是否符合 |
|---|---|---|
| 1 | 木门窗的品种、类型、规格、开启方向、安装位置及连接方法应符合要求 | 是　否 |
| 2 | 门窗框的安装必须牢固。预埋木砖的防腐处理、木门窗框固定点的数量、位置及固定方法应符合要求 | 是　否 |
| 3 | 木门窗扇必须安装牢固，并应开关灵活、关闭严密无倒翘 | 是　否 |
| 4 | 木门窗配件的型号、规格、数量应符合设计要求，安装应牢固、位置应正确，功能应满足使用要求 | 是　否 |

续表

| 序号 | 检验标准 | 是否符合 |
|---|---|---|
| 5 | 木门窗与墙体间缝隙的填嵌材料应符合设计要求，填嵌应饱满。寒冷地区外门窗（或门窗框）与砌体间的空隙应填充保温材料 | 是　否 |

3. 铝合金门窗安装验收表

| 序号 | 检验标准 | 是否符合 |
|---|---|---|
| 1 | 铝合金门窗的品种、类型、规格、开启方向、安装位置、连接方法及铝合金门窗的型材壁厚应符合设计要求。铝合金门窗的防腐处理及填嵌、密封处理应符合要求 | 是　否 |
| 2 | 铝合金门窗框的安装必须牢固。预埋件的数量、位置、埋设方式、与框的连接方式应符合要求 | 是　否 |
| 3 | 铝合金门窗扇必须安装牢固，并应开关灵活、关闭严密无倒翘。推拉门窗扇必须有防脱落措施 | 是　否 |
| 4 | 铝合金门窗配件的型号、规格、数量应符合设计要求，安装应牢固、位置应正确，功能应满足使用要求 | 是　否 |
| 5 | 铝合金门窗表面应洁净、平整、光滑、色泽一致、无锈蚀。大面应无划痕、碰伤。漆膜或保护层应连续 | 是　否 |
| 6 | 铝合金门窗推拉门窗扇开关力应不大于 100N | 是　否 |
| 7 | 铝合金门窗框与墙体之间的缝隙应填嵌饱满，并采用密封胶密封。密封胶表面应光滑、顺直、无裂纹 | 是　否 |
| 8 | 门窗扇的橡胶密封条或毛毡密封条应安装完好，不得脱槽 | 是　否 |
| 9 | 有排水孔的铝合金门窗，排水孔应畅通，位置和数量应符合设计要求 | 是　否 |

# （八）隔墙施工验收

| 序号 | 检验标准 | 是否符合 |
|---|---|---|
| 1 | 骨架隔墙所用龙骨、配件、墙面板、填充材料及嵌缝材料的品种、规格、性能和技术木材含水率符合设计要求。有隔声、隔热、阻燃、防潮等特殊要求的工程，材料应有相应性能等级检测报告 | 是　否 |

| 序号 | 检验标准 | 是否符合 |
|---|---|---|
| 2 | 骨架隔墙工程边框龙骨必须与基体结构连接牢固，并应平整、垂直、位置正确 | 是　否 |
| 3 | 骨架隔墙中龙骨间距和构造连接方法应符合设计要求。骨架内设备管线的安装、门窗洞口等部位加强龙骨应安装牢固、位置正确，填充材料的设置应符合设计要求 | 是　否 |
| 4 | 木龙骨及木墙面板的防火和防腐处理应符合设计要求 | 是　否 |
| 5 | 墙面板所用接缝材料的接缝方法应符合设计要求 | 是　否 |
| 6 | 骨架隔墙表面应平整光滑、色泽一致、洁净、无裂缝，接缝应均匀、顺直 | 是　否 |
| 7 | 骨架隔墙上的孔洞、槽、盒应位置正确、套割吻合、边缘整齐 | 是　否 |
| 8 | 骨架隔墙内的填充材料应干燥，填充应密实、均匀、无下坠 | 是　否 |

## （九）墙面抹灰施工验收

| 序号 | 检验标准 | 是否符合 |
|---|---|---|
| 1 | 抹灰前将基层表面的尘土、污垢、油污等清理干净，并应浇水湿润 | 是　否 |
| 2 | 一般抹灰所用的材料的品种和性能应符合设计要求。水泥的凝结时间和安定性复检应合格。砂浆的配合比应符合设计要求 | 是　否 |
| 3 | 抹灰工程应分层进行。当抹灰总厚度大于或等于 35mm 时，应采取加强措施。不同材料基体交接处表面的抹灰，应采取防止开裂的加强措施，当采用加强网时，加强网与各基体的搭接宽度不应小于 100mm | 是　否 |
| 4 | 抹灰层与基层之间及各抹灰层之间必须黏结牢固，抹灰层应无脱层、空鼓，面层应无爆灰和裂缝等缺陷 | 是　否 |
| 5 | 一般抹灰工程的表面质量应符合下列规定：普通抹灰表面应光滑、洁净，平整，分格缝应清晰；高级抹灰表面应光滑、洁净、颜色均匀、无抹纹，分格缝和灰线应清晰美观 | 是　否 |
| 6 | 护角、孔洞、槽、盒周围的抹灰表面应整齐、光滑。管道后面的抹灰表面应平整 | 是　否 |

| 序号 | 检验标准 | 是否符合 |
|---|---|---|
| 7 | 抹灰总厚度应符合设计要求，水泥砂浆不得抹在石灰砂浆上，罩面石膏灰不得抹在水泥砂浆层上 | 是　否 |
| 8 | 抹灰分格缝的设置应符合设计要求，宽度和深度应均匀，表面应光滑，棱角要整齐 | 是　否 |
| 9 | 有排水要求的部位应作滴水线（槽）。滴水线（槽）应整齐平顺，滴水线应内高外低，滴水槽的宽度和深度均应不小于 10mm | 是　否 |

# （十）墙面贴砖施工验收

## 1. 瓷砖铺贴验收

| 序号 | 检验标准 | 是否符合 |
|---|---|---|
| 1 | 陶瓷墙砖的品种、规格、颜色和性能应符合设计要求 | 是　否 |
| 2 | 陶瓷墙砖粘贴必须牢固 | 是　否 |
| 3 | 满粘法施工的陶瓷墙砖工程应无空鼓、裂缝 | 是　否 |
| 4 | 陶瓷墙砖表面应平整、洁净，色泽一致，无裂痕和缺损 | 是　否 |
| 5 | 阴阳角处搭接方式、非整砖的使用部位应符合设计要求 | 是　否 |
| 6 | 墙面突出物周围的陶瓷墙砖应整砖套割吻合，边缘应整齐。墙裙、贴脸突出墙面的厚度应一致 | 是　否 |
| 7 | 陶瓷墙砖接缝应平直、光滑，填嵌应连续、密实；宽度和深度应符合要求 | 是　否 |

## 2. 马赛克铺贴验收

| 序号 | 检验标准 | 是否符合 |
|---|---|---|
| 1 | 马赛克的品种、规格、颜色和性能应符合设计要求 | 是　否 |
| 2 | 马赛克粘贴必须牢固 | 是　否 |
| 3 | 满粘法施工的马赛克工程应无空鼓、裂缝 | 是　否 |
| 4 | 马赛克表面应平整、洁净，色泽一致，无裂痕和缺损 | 是　否 |
| 5 | 阴阳角处搭接方式、非整砖使用部位应符合要求 | 是　否 |

## （十一）地面铺装质量验收

### 1. 瓷砖地面铺贴验收

| 序号 | 检验标准 | 是否符合 | |
|------|----------|------|------|
| 1 | 面层所用的板块的品种、质量必须符合设计要求 | 是 | 否 |
| 2 | 面层与下一层的结合（黏结）应牢固，无空鼓 | 是 | 否 |
| 3 | 砖面层的表面应洁净、图案清晰、色泽一致、接缝平整、深浅一致、周边直顺。板块无裂纹、掉角和缺棱等缺陷 | 是 | 否 |
| 4 | 面层邻接处的镶边用料及尺寸应符合设计要求，边角整齐且光滑 | 是 | 否 |
| 5 | 踢脚线表面应洁净、高度一致、结合牢固、出墙厚度一致 | 是 | 否 |
| 6 | 楼梯踏步和台阶板块的缝隙宽度应一致、齿角整齐。楼段相邻踏步高度差不应大于 10mm，且防滑条应顺直 | 是 | 否 |
| 7 | 面层表面的坡度应符合设计要求，不倒泛水、无积水，与地漏、管道结合处应严密牢固，无渗漏 | 是 | 否 |

### 2. 石材地面铺贴验收

| 序号 | 检验标准 | 是否符合 | |
|------|----------|------|------|
| 1 | 大理石、花岗岩面层所用板块的品种、质量应符合设计要求 | 是 | 否 |
| 2 | 面层与下一层的结合（黏结）应牢固，无空鼓 | 是 | 否 |
| 3 | 大理石、花岗岩面层的表面应洁净、图案清晰、色泽一致、接缝平整、深浅一致、周边直顺。板块无裂纹、掉角和缺棱等缺陷 | 是 | 否 |
| 4 | 踢脚线表面应洁净、高度一致、结合牢固、出墙厚度一致 | 是 | 否 |
| 5 | 楼梯踏步和台阶板块的缝隙宽度应一致、齿角整齐。楼段相邻踏步高度差不应大于 10mm，且防滑条应顺直、牢固 | 是 | 否 |
| 6 | 面层表面的坡度应符合设计要求，不倒泛水、无积水，与地漏、管道结合处应严密牢固，无渗漏 | 是 | 否 |

## （十二）地板铺设质量验收

### 1. 实木地板铺设验收

| 序号 | 检验标准 | 是否符合 |
| --- | --- | --- |
| 1 | 实木地板面层所采用的材质和铺设时的木材含水率必须符合要求 | 是　否 |
| 2 | 木地板面层所采用的条材和块材，其技术等级及质量要求应符合要求 | 是　否 |
| 3 | 木格栅、垫木和毛地板等必须做防腐、防蛀处理 | 是　否 |
| 4 | 木格栅安装应牢固、平直 | 是　否 |
| 5 | 面层铺设应牢固、黏结无空鼓 | 是　否 |
| 6 | 实木地板的面层是非免刨免漆产品，应刨平、磨光，无明显刨痕和毛刺等现象。实木地板的面层图案应清晰、颜色均匀一致 | 是　否 |
| 7 | 面层缝隙应严密、接缝位置应错开、表面要洁净 | 是　否 |
| 8 | 拼花地板的接缝应对齐、粘钉严密。缝隙宽度应均匀一致。表面洁净、无溢胶 | 是　否 |

### 2. 复合木地板铺设验收

| 序号 | 检验标准 | 是否符合 |
| --- | --- | --- |
| 1 | 强化复合地板面层所采用的材料，其技术等级及质量要求应符合要求 | 是　否 |
| 2 | 面层铺设应牢固、黏结无空鼓 | 是　否 |
| 3 | 强化复合地板面层的颜色和图案应符合设计要求。图案应清晰、颜色应均匀一致、板面无翘曲 | 是　否 |
| 4 | 面层接头应错开、缝隙要严密、表面要洁净 | 是　否 |
| 5 | 踢脚线表面应光滑、接缝严密、高度一致 | 是　否 |

## （十三）木作安装质量验收

### 1. 橱柜、吊柜安装验收

| 序号 | 检验标准 | 是否符合 |
| --- | --- | --- |
| 1 | 厨房设备安装前的检验 | 是　否 |
| 2 | 吊柜的安装应根据不同的墙体采用不同的固定方法 | 是　否 |

| 序号 | 检验标准 | 是否符合 |
|---|---|---|
| 3 | 底柜安装应先调整水平旋钮，保证各柜体台面、前脸均在一个水平面上，两柜连接使用木螺钉，后背板通管线、表、阀门等应在背板画线打孔 | 是　否 |
| 4 | 安装洗物柜底板下水孔处要加塑料圆垫，下水管连接处应保证不漏水、不渗水，不得使用各类胶粘剂连接接口部分 | 是　否 |
| 5 | 安装不锈钢水槽时，应保证水槽与台面连接缝隙均匀，不渗水 | 是　否 |
| 6 | 安装水龙头，要求安装牢固，上水连接不能出现渗水现象 | 是　否 |
| 7 | 抽油烟机的安装，要注意吊柜与抽油烟机罩的尺寸配合，应达到协调统一 | 是　否 |
| 8 | 安装灶台，不得出现漏气现象，安装后用肥皂沫检验是否安装完好 | 是　否 |

2. 窗帘盒（杆）安装验收

| 序号 | 检验标准 | 是否符合 |
|---|---|---|
| 1 | 窗帘盒（杆）施工所使用的材料的材质及规格、木材的燃烧性能等级和含水率、人造板材的甲醛含量应符合要求和国家规定 | 是　否 |
| 2 | 窗帘盒（杆）的造型、规格、尺寸、安装位置和固定方法必须符合要求。窗帘盒（杆）的安装必须牢固 | 是　否 |
| 3 | 窗帘盒（杆）配件的品种、规格应符合设计要求，安装应牢固 | 是　否 |
| 4 | 窗帘盒（杆）的表面应平整、洁净、线条顺直、接缝严密、色泽一致，不得有裂缝、翘曲及损坏 | 是　否 |

# （十四）乳胶漆与油漆施工质量验收

1. 乳胶漆施工验收

| 序号 | 检验标准 | 是否符合 |
|---|---|---|
| 1 | 所用乳胶漆的品种、型号和性能应符合设计要求 | 是　否 |
| 2 | 墙面涂刷的颜色、图案应符合设计要求 | 是　否 |
| 3 | 墙面应涂饰均匀、黏结牢固，不得漏涂、透底、起皮和掉粉 | 是　否 |

| 序号 | 检验标准 | 是否符合 |
|---|---|---|
| 4 | 基层处理应符合要求 | 是　否 |
| 5 | 表面颜色应均匀一致 | 是　否 |
| 6 | 不允许或允许少量轻微出现泛碱、咬色等质量缺陷 | 是　否 |
| 7 | 不允许或允许少量轻微出现流坠、疙瘩等质量缺陷 | 是　否 |
| 8 | 不允许或允许少量轻微出现砂眼、刷纹等质量缺陷 | 是　否 |

2. 木器油漆施工验收

| 序号 | 检验标准 | 是否符合 |
|---|---|---|
| 1 | 木材表面涂饰工程所用涂料的品种、型号和性能应符合要求 | 是　否 |
| 2 | 木材表面涂饰工程的颜色、图案应符合要求 | 是　否 |
| 3 | 木材表面涂饰工程应涂饰均匀、黏结牢固，不得漏涂、透底、起皮和掉粉 | 是　否 |
| 4 | 木材表面涂饰工程的表面颜色应均匀一致 | 是　否 |
| 5 | 木材表面涂饰工程的光泽度与光滑度应符合设计要求 | 是　否 |
| 6 | 木材表面涂饰工程中不允许出现流坠、疙瘩、刷纹等的质量缺陷 | 是　否 |
| 7 | 木材表面涂饰工程的装饰线、分色直线度的尺寸偏差不得大于 1mm | 是　否 |

# （十五）饰面板施工质量验收

1. 木质饰面板施工验收

| 序号 | 检验标准 | 是否符合 |
|---|---|---|
| 1 | 木板饰面板的品种、规格、颜色和性能应符合设计要求，木龙骨、木饰面板的燃烧性能等级应符合要求 | 是　否 |
| 2 | 木板饰面板的孔、槽数量、位置及尺寸应符合要求 | 是　否 |
| 3 | 木板饰面板的表面应平整、洁净、色泽一致，无裂痕和缺损 | 是　否 |
| 4 | 木板饰面板的嵌缝应密实、平直，宽度和深度应符合设计要求，嵌填材料色泽应一致 | 是　否 |

2. 铝合金饰面板施工验收

| 序号 | 检验标准 | 是否符合 |
|---|---|---|
| 1 | 铝合金饰面板的品种、规格、颜色和性能应符合要求 | 是　否 |
| 2 | 铝合金饰面板安装工程的预埋件、连接件的数量、规格、位置、连接方法和防腐处理必须符合设计要求。后置埋件的现场拉拔强度也必须符合设计要求。铝合金饰面板的安装必须牢固 | 是　否 |
| 3 | 铝合金饰面板的表面应平整、洁净、色泽一致，无裂痕和缺损 | 是　否 |
| 4 | 铝合金饰面板的嵌缝应密实、平直，宽度和深度应符合设计要求 | 是　否 |

3. 大理石饰面板施工验收

| 序号 | 检验标准 | 是否符合 |
|---|---|---|
| 1 | 大理石饰面板的品种、规格、颜色和性能应符合要求 | 是　否 |
| 2 | 大理石饰面板安装工程的预埋件、连接件的数量、规格、位置、连接方法和防腐处理必须符合设计要求。后置埋件的现场拉拔强度也必须符合设计要求。大理石饰面板的安装必须牢固 | 是　否 |
| 3 | 大理石饰面板的表面应平整、洁净、色泽一致，无裂痕和缺损。石材表面应无泛碱等污染 | 是　否 |
| 4 | 大理石饰面板的嵌缝应密实、平直，宽度和深度应符合设计要求，嵌填材料色泽应一致 | 是　否 |
| 5 | 采用湿作业法施工的大理石饰面板工程，石材应进行防碱背涂处理，饰面板与基体之间的灌注材料应饱满密实 | 是　否 |
| 6 | 大理石饰面板上的孔洞应套割吻合，边缘应整齐 | 是　否 |

# （十六）壁纸与软包施工质量验收

1. 壁纸施工验收

| 序号 | 检验标准 | 是否符合 |
|---|---|---|
| 1 | 壁纸的种类、规格、图案、颜色和燃烧性能等级必须符合要求 | 是　否 |
| 2 | 壁纸应粘贴牢固，不得有漏贴、补贴、脱层、空鼓和翘边 | 是　否 |

| 序号 | 检验标准 | 是否符合 |
|---|---|---|
| 3 | 裱糊后各幅拼接应横平竖直，拼接处花纹、图案应吻合、不离缝、不搭接，且拼缝不明显 | 是　否 |
| 4 | 裱糊后壁纸表面应平整，色泽应一致，不得有波纹起伏、气泡、裂缝、褶皱和污点，且斜视应无胶痕 | 是　否 |
| 5 | 复合压花壁纸的压痕及发泡壁纸的发泡层应无损坏 | 是　否 |
| 6 | 壁纸与各种装饰线、设备线盒等应交接严密 | 是　否 |
| 7 | 壁纸边缘应平直整齐，不得有纸毛、飞刺 | 是　否 |
| 8 | 壁纸的阴角处搭接应顺光，阳角处应无接缝 | 是　否 |

2. 软包施工验收

| 序号 | 检验标准 | 是否符合 |
|---|---|---|
| 1 | 软包面料、内衬材料及边框的材质、图案、颜色、燃烧性能等级和木材的含水率必须符合要求 | 是　否 |
| 2 | 软包工程的安装位置及构造做法应符合要求 | 是　否 |
| 3 | 软包工程的龙骨、衬板、边框应安装牢固，无翘曲，拼缝应平直 | 是　否 |
| 4 | 单块软包面料不应有接缝，四周应绷压严密 | 是　否 |
| 5 | 软包工程表面应平整、洁净，无凹凸不平及褶皱；图案应清晰、无色差，整体应协调美观 | 是　否 |
| 6 | 软包边框应平整、顺直、接缝吻合。其表面涂饰质量应符合涂饰工程的有关规定 | 是　否 |
| 7 | 清漆涂饰木制边框的颜色、木纹应协调一致 | 是　否 |

# （十七）卫浴洁具安装质量验收

1. 洗手盆安装验收

| 序号 | 检验标准 | 是否符合 |
|---|---|---|
| 1 | 洗手盆安装施工要领：洗手盆产品应平整无损裂。排水栓应有不小于8 mm 直径的溢流孔 | 是　否 |

续表

| 序号 | 检验标准 | 是否符合 |
|---|---|---|
| 2 | 排水栓与洗手盆连接时，排水栓溢流孔应对准洗手盆溢流孔，以保证溢流部位畅通，镶接后排水栓上端面应低于洗手盆底 | 是　否 |
| 3 | 托架固定螺栓可采用不小于 6 mm 的镀锌开脚螺栓或镀锌金属膨胀螺栓（如墙体是多孔砖，则严禁使用膨胀螺栓） | 是　否 |
| 4 | 洗手盆与排水管连接后应牢固密实，且便于拆卸，连接处不得敞口 | 是　否 |
| 5 | 洗手盆与墙面接触部应用硅膏嵌缝。如洗手盆排水存水弯和水龙头是镀铬产品，在安装时不得损坏镀层 | 是　否 |

## 2.浴缸安装验收

| 序号 | 检验标准 | 是否符合 |
|---|---|---|
| 1 | 在安装裙板浴缸时，其裙板底部应紧贴地面，楼板在排水处应预留 250~300 mm 洞孔，便于排水安装，在浴缸排水端部墙体设置检修孔 | 是　否 |
| 2 | 其他各类浴缸可根据有关标准或用户需求确定浴缸上平面高度 | 是　否 |
| 3 | 如浴缸侧边砌裙墙，应在浴缸排水处设置检修孔或在排水端部墙上开设检修孔。各种浴缸冷、热水龙头或混合龙头其高度应高出浴缸上平面 150 mm | 是　否 |
| 4 | 安装时应不损坏镀铬层。镀铬罩与墙面应紧贴。固定式淋浴器、软管淋浴器其高度可按有关标准或按用户需求安装 | 是　否 |
| 5 | 浴缸安装上平面必须用水平尺校验平整，不得侧斜 | 是　否 |
| 6 | 浴缸上口侧边与墙面结合处应用密封膏填嵌密实 | 是　否 |
| 7 | 浴缸排水与排水管连接应牢固密实，且便于拆卸，连接处不得敞口 | 是　否 |

## 3.坐便器安装验收

| 序号 | 检验标准 | 是否符合 |
|---|---|---|
| 1 | 给水管安装角阀高度一般距地面至角阀中心为 250 mm，如安装连体坐便器应根据坐便器进水口离地高度而定，但不小于 100 mm，给水管角阀中心一般在污水管中心左侧 150 mm 或根据坐便器实际尺寸定位 | 是　否 |

| 序号 | 检验标准 | 是否符合 |
|---|---|---|
| 2 | 带水箱及连体坐便器水箱后背部离墙应不大于 20 mm。坐便器的安装应用不小于 6 mm 的镀锌膨胀螺栓固定，坐便器与螺母间应用软性垫片固定，污水管应露出地面 10 mm | 是　否 |
| 3 | 冲水箱内溢水管高度应低于扳手孔 30~40 mm | 是　否 |
| 4 | 安装时不得破坏防水层，已经破坏或没有防水层的，要先做好防水，并经 24 小时积水渗漏试验 | 是　否 |

## （十八）开关、插座、灯具安装质量验收

### 1. 开关、插座安装验收

| 序号 | 检验标准 | 是否符合 |
|---|---|---|
| 1 | 插座的接地保护线措施及火线与零线的连接位置必须符合规定 | 是　否 |
| 2 | 插座使用的漏电开关动作应灵敏可靠 | 是　否 |
| 3 | 开关、插座的安装位置正确。盒子内清洁，无杂物，表面清洁、不变形，盖板紧贴建筑物的表面 | 是　否 |
| 4 | 开关切断火线。插座的接地线应单独敷设 | 是　否 |
| 5 | 明开关，插座的底板和暗装开关、插座的面板并列安装时，开关、插座的高度差允许为 ±0.5mm；同一空间的高度差为 ±5mm | 是　否 |

### 2. 灯具安装验收

| 序号 | 检验标准 | 是否符合 |
|---|---|---|
| 1 | 灯具的固定应符合下列规定：①灯具重量大于 3kg 时，固定在螺栓或预埋吊钩上；②软线吊灯，灯重量在 0.5kg 及以下时，采用软电线自身吊装；大于 0.5kg 的灯具采用吊链，且软电线编叉在吊链内，使电线不受力；③灯具固定牢固可靠，不使用木楔。每个灯具固用螺钉或螺栓不少于 2 个；当绝缘台直径在 75mm 及以下时，采用 1 个螺钉或螺栓固定 | 是　否 |
| 2 | 花灯吊钩圆钢直径不应小于灯具挂销直径，且不应小于 6mm。大型花灯的固定及悬吊装置，应按灯具重量的 2 倍做过载试验 | 是　否 |

续表

| 序号 | 检验标准 | 是否符合 |
|---|---|---|
| 3 | 当钢管做灯杆时，钢管内径不应小于 10mm，钢管厚度不应小于 1.5mm | 是　否 |
| 4 | 灯具的安装高度和使用电压等级应符合下列规定：①一般敞开式灯具，灯头对地面距离不小于下列数值（采用安全电压时除外）：室外：2.5mm（室外墙上安装）；室内：2m；软吊线带升降器的灯具在吊线展开后：0.8m；②危险性较大及特殊危险场所，当灯具距地面高度小于2.4m时，使用额定电压为36V及以下的照明灯具，或有专用保护措施 | 是　否 |

# 三、家具和家电验收

## （一）家具整体验收要求

家具应与业主既定装饰风格协调一致的原则下，注意舒适、便利性，灵活并能节省空间，耐用且易于维护等使用条件。

（1）家具材料是否合理。不同的家具，表面用料是有区别的。如桌、椅、柜的腿，要求用硬杂木，比较结实，能承重，而内部用料则可用其他材料；大衣柜腿的厚度要求达到 2.5cm，太厚就显得笨拙，薄了容易弯曲变形；厨房、卫生间的柜子不能用纤维板做，而

家具质量检验

应该用三合板，因为纤维板遇水会膨胀、损坏；餐桌则应耐水洗。

发现木材有虫眼、掉沫，说明烘干不彻底。检查完表面，还要打开柜门、抽屉门看里面内料有没有腐朽，可以用手指甲掐一掐，掐进去了就说明内料腐朽了。开柜门后，如果冲鼻、刺眼、流泪，说明胶合剂中甲醛含量太高，对人体有害。

（2）木材含水率不超过12%。家具的含水率高了，木材容易翘曲、变形。一般业主购买时，没有测试仪器，可以采取手摸的方法，用手摸一摸家具底面或里面没有上漆的地方，如果有潮湿感，那么含水率起码在 50% 以上，不能用。还有一个办法是可以往木材没上漆处洒一点水，如果吸收得慢或不吸收，说明含水率高。

（3）家具结构是否牢固。小件家具，如椅子、凳子、衣架等在挑选时可以在水泥地上拖一拖，轻轻摔一摔，声音清脆，说明质量较好；如果声音发哑，有杂声，说明榫眼结合不严密，结构不

牢。写字台、桌子可以用手摇晃一下，看看稳不稳。沙发可坐上去试一试，如果坐上一动就吱吱扭扭地响，一摇就晃的，说明用不了多长时间。方桌、条桌、椅子等腿部都应该有 4 个三角形的卡子，起固定作用，挑选时可把桌椅倒过来看一看，包布椅可以用手摸一摸。

（4）家具四脚是否平整。这一点放在平地上一晃便知，有的家具只有三条腿落地。看一看桌面是否平直，不能"弓了背"或"塌了腰"。桌面凸起，玻璃板放上面会打转；桌面凹进，玻璃板放上面一压就碎。注意检查柜门，抽屉的分缝不能过大，要讲究横平竖直，门子不能下垂。

（5）贴面家具拼缝严不严。不论是贴木单板、PVC 地板还是贴预油漆纸，都要注意表层是否贴得平整，有无鼓包、起泡、拼缝不严现象。

检查时要对着光看，不对光看不出来。水曲柳木单板贴面家具比较容易损坏，一般只能用两年。就木单板来说，刨边的单板比旋切的好。识别两者的方法是看木材的花纹，刨切的单板木材纹理直而密，旋切的单板花纹曲而疏。刨花板贴面家具，着地部分必须封边，不封边板就会吸潮、发胀而损坏。一般贴面家具边角地方容易翘起来，挑选时可以用手扣一下边角，如果一扣就起来，说明用胶有问题。

（6）家具包边是否平整。封边不平，说明内部材料湿，几天封边就会掉。封边还应是圆角，不能直棱直角。用木条封的边容易发潮或崩裂。胶合板包镶的家具，包条处是用钉子钉的，要注意钉眼是否平整，钉眼处与其他处的颜色是否一致。通常钉眼是用腻子封住的，要注意腻子有无鼓起来，如鼓起来了就不行，时间长了腻子会从里面掉出来。

（7）镜子家具要照一照。挑选带镜子类的家具，如梳妆台、衣镜、穿衣镜，要注意照一照，看看镜子是否变形走色，检查一下镜子后部水银处是否有内衬纸和背板，没有背板不合格，没内衬纸也不行，否则会把水银磨掉。

（8）油漆部分要光滑。家具的油漆部分要光滑平整、不流坠、不起皱、无疙瘩。边角部分不能直棱直角，直棱处易崩碴、掉漆。家具的门里面也应刷一道漆，不刷漆板子易弯曲，而且不美观。

（9）配件安装是否合理。例如，检查一下门锁开关灵不灵活；大柜应该装三个暗铰链，有的只装两个；该上三个螺钉，有的偷工减料，只上一个螺钉，时间久了就会掉。

（10）沙发、软床要坐一坐。挑沙发、软床时，应注意表面要平整，而不能高低不平；软硬要均匀，也不能这块硬，那块软；软硬度要适中，既不能太硬也不能太软。

检查的方法是要先坐一坐，用手摁一摁，看平不平，听弹簧响不响，如果弹簧铺排不合理，致使弹簧咬簧，就会发出响声。其次，还应注意绗缝有无断线、跳线，边角牙子的密度是否合理。

## （二）木质框式家具验收

（1）查看家具尺寸是否准确，要用尺测量核实。

（2）查看家具表面油漆是否平滑光洁，有无凸起砂粒疵斑。

（3）查看选材是否优质高强，框架用材是否细密结实，无霉斑节疤。

（4）用材是否干燥。用手摸无潮湿感。无裂口、无翘曲变形、无脱损。

（5）抽屉底板应插装于侧板的开槽中，侧板、背板和面板均卯榫相接，而不允许仅用钉子钉装。

（6）镜面应有背板，镜背应涂防潮漆，防止镜面水银脱落，镜面应平滑光洁，物体照入不失真。

（7）合页、插销等小五金齐全、安装牢固，使用灵活。

## （三）木质板式家具验收

（1）材质以木芯板最佳，中密度板次之，刨花板最差。复合板用蜂窝纸心胶合，质量轻，不变形，但四周必须有结实的木方，否则无法固定连接件。

（2）要用尺测量家具尺寸，查看是否准确，四角方正。

（3）板面是否光洁平滑，表面有无霉斑、划痕、毛边、边角缺损。

（4）查看家具拼接效果。拼接角度是否为直角，拼装是否严丝合缝，抽屉、门的开启是否灵活，关闭是否严实。

木质板式家具质量验收

（5）拆装式家具在拼装前要检查连接件的质量，制作尺寸是否规矩、固定牢靠、结合紧密。

（6）如有穿衣镜，对镜面要求同框式家具。

## （四）实木家具验收

（1）检查实木家具首先观察木纹，如果一个橱门表面木纹和门背后的木纹不对称，那就是贴面家具。其次，看木材的优劣。家具的主要受力部位如立柱、连接立柱之间靠近地面的承重横条，不应有大的节疤或裂纹、裂痕。框架不得松动，不允许断榫、断料。家具上所采用人造板的部件都应实行封边处理，各种配件安装不得少件、漏钉、透钉。再者，实木家具的表面油漆应光滑、饱满、做工要精细，颜色

实木家具的选购与验收

没有明显的色差，油漆质量好（气味清淡），所以在选购的时候，站1m远以外观察各个应为同一

颜色的地方，看颜色是否一致，如不一致，即存在色差。

（2）纯实木家具的味道一般不太浓，多数实木都带有木香，松木有松脂味、樟木有明显的樟脑味……但纤维板、密度板则会有较浓的刺激性气味，尤其是在柜门或抽屉内。

（3）将手放在家具的表面，仔细检查抛光面是否平滑，看是否有容易钩破衣物的突出物，是否有裂痕或气泡。家具面板用薄木和其他材料覆面时，与成套产品色泽应相似，产品表面漆膜不允许皱皮、发黏和漏漆。用手摸台脚等部位是否毛糙，摸一下角位的颜料是否涂得过厚。轻压家具的各个受力点，如柱角、抽屉或架子支撑等处，测试是否稳固。用力压家具表面不能有虚空不实，面板颤动的感觉。

（4）用手敲一敲木面，实木制件会发出较清脆的声音，而人造板则声音低沉。

## （五）金属家具验收

（1）金属家具镀铬要清新光亮，烤漆要色泽丰润，无锈斑、掉漆、碰伤、划伤等现象。

（2）金属家具的底座落地时应放置平稳，折叠平直，使用方便、灵活。

（3）金属家具的焊接处应圆滑一致，电镀层要无裂纹、无麻点，焊接点要无疤痕、无气孔无砂眼、无开焊及漏焊等现象。

（4）金属家具的弯曲处应无明显褶皱，无突出硬棱。

（5）金属家具的螺钉、钉子要牢固，钉子处应光滑平整，无毛刺、无松动、焊接处周围不应该有外向锤伤。

（6）金属家具的桌椅面应清洁平整，无凹凸不平、脱胶起泡现象，折叠椅凳的皮革面料应无破损，否则影响美观。

（7）好的金属家具管壁的薄厚通常为1.2mm或1.5mm。很多家具偷工减料，采用1.0mm的管厚，尽量不要购买。

（8）设计结构要合理，坐感需平稳、舒适。对于金属椅子，可以测量两腿之间的距离是否一致来辨别此家具是否结构合理。

（9）钢木结合的金属家具还要注意木材的材质和环保性。

（10）某些金属（如铁等）受潮易氧化，则不适合居住于高湿度地区的家庭使用，选购时应向商家询问是否经过防潮处理以供参考。

## （六）塑料家具验收

一般来说，塑料家具的价格比较低，而且因为是工业化生产，所以在材质上基本差异不大，因此在选购时最为重要的就是两点：环保与牢固。在保证这两点的基础上，任何形式的塑料家具都可以选用。

（1）环保。由于塑料家具的原料特性，首要的便是检验其环保性，对于普通大众而言，方法也非常简单，就是闻，一般环保性好的塑料家具，不会有什么味道，而劣质的塑料家具，闻起来会有刺鼻的气味。值得注意的是，目前一些不法厂家为了掩盖劣质塑料的气味，往往在制造过程中加入香精等材料来进行遮掩，因此，如果家具有很浓的香味，最好也不要购买，以免买到劣质产品。

（2）牢固。尽管现在塑料家具的应用已经得到了广泛的普及，但是由于塑料本身的材料特性，加上一些厂商有意减少用料，部分塑料家具存在不够结实的问题，因此，在验收时，一定要亲自试一试，以保证家具够牢固，避免出现"一次性家具"问题。

## （七）藤编家具验收

（1）藤器除手工编制技艺精细、造型新颖美观外，最主要的是查看藤器材质是否优良。如果藤材表面起褶皱，说明该家具是用幼嫩的藤加工而成，韧性差、强度低，容易折断和腐蚀。藤艺家具用材比较讲究，除用云南的藤以外，好多藤材来自印度尼西亚、马来西亚等东南亚国家，这些藤质地坚硬，首尾粗细一致。

（2）可以双手抓住藤家具边缘，轻轻摇一下，感觉一下框架是不是稳固。

（3）用手掌在家具表面拂拭一遍，如果很光滑，没有扎手的感觉就可以。

（4）看一看家具表面的光泽是不是均匀，是否有斑点、异色和虫蛀的痕迹。

## （八）玻璃家具验收

（1）检验安全性。国家标准规定，10mm厚的玻璃台面如果只用4个支点支撑，可承重65kg。玻璃家具最好选择钢化玻璃材质，因为普通强化玻璃承受的最高温度不超过100℃，而钢化玻璃可承受300℃以上。另外，玻璃材质会有自爆的可能性，虽然钢化玻璃的这种可能性非常小，但由于钢化玻璃即使碎裂也是颗粒状，不会对人造成伤害，所以更为安全。

（2）购买玻璃家具时，应仔细查看产品质量，玻璃的厚度、颜色，玻璃里面有无气泡，边角是否光滑、顺直，大面平整。

（3）检查玻璃的透明度，可以将一张白纸放在玻璃板底下，颜色不变说明玻璃质量上乘，如果白纸泛蓝、泛绿，说明玻璃质量一般。

（4）选购玻璃家具，还要考虑它的支架材料，差的支架主要由钢管焊接螺钉固定，而好的支架用挤压成型的金属材料制成，采用高强度的胶粘剂来黏结，所以质量上乘的玻璃家具找不到焊接的痕迹，造型流畅秀美。

（5）如果玻璃家具采用粘贴的技法，一定要关注粘贴所采用的胶水和施胶度，鉴别的方法是看黏贴面是否光亮，用胶面积是否饱满。

### （九）布艺家具验收

（1）布艺家具框架应有超稳定结构、干燥的硬木结构，不应有突起，但边缘处应有滚边以突出家具的形状。

（2）布艺家具主要联结处要有加固装置，通过胶水和螺钉与框架相连，无论是插接、黏结、螺栓连接还是用销子连接，都要保证每一处连接牢固以确保使用寿命。独立弹簧要用麻线拴紧，在布艺家具承重弹簧处应有钢条加固弹簧，固定弹簧的织物应不易腐蚀且无

布艺家具

味，覆盖在弹簧上的织物也应具有同样的特性。防火聚酯纤维层应设在布艺家具座位下，靠垫核心处应是高质量的聚亚安酯，布艺家具背后应用聚丙酯织物覆盖弹簧。为了安全、舒适，靠背也要有与座位一样的要求。

（3）布艺家具泡沫周围要填满棉或聚酯纤维以确保舒适。

### （十）真皮家具验收

（1）检验真皮沙发要看皮革，线条直而不硬，皮质较粗厚，价格实惠。真皮沙发其实是个泛称，猪皮、马皮、驴皮、牛皮都可以用作沙发原料，要弄清楚用的是什么皮质。其中牛皮皮质柔软、厚实，质量最好，现在的沙发一般采用水牛皮，皮质较粗厚，价格实惠。更好的还有黄牛皮、青牛皮。马皮、驴皮的皮纹与牛皮相似，但表面皮青松弛，时间长了容易剥落，不耐用，所以价格相对便宜。

（2）一套好沙发，必须用方木钉成框架，侧面用板固定。当然，木架藏在沙发里面是看不到的，我们可以用手托起沙发感觉一下重量，如果是用包装板、夹板钉成的沙发分量轻，实木架则比较重，也可以坐在沙发上左右摇晃，感觉其牢固程度。具体可以抬起沙发的一头，当抬起部分离地10cm时，另一头的腿是否也有翘起，只有另一条腿的一边也翘起，木架质量才算好。

（3）看填充物。填充物主要指海绵，海绵按弹性分高弹、高弹超软和中弹三种。中弹海绵一般做靠背和扶手部分，高弹和高弹超软海绵做座位部分，现在还有一些商家加入定型海绵或者定型胶质材料，以稳定其造型。除了向商家咨询其填充物的种类外，还要坐下来亲身感受一下舒适度。在检验过程中可以用手去按沙发的扶手及靠背，如果能明显地感觉到木架的存在，则证明此套沙发的填充密度不高，弹性也不够好。轻易被按到的沙发木架也会加速沙发外套的磨损，降低沙发的使用寿命。

# 第七章

▼

## 常见质量问题处理

　　装修施工毕竟是现场人工操作，施工质量跟现场环境、装修材料、人工操作等各种因素都有关系，即使要求再严格、监控再仔细，难免也会出现一些问题。如果一些质量问题已经发生了，也不要刻意掩盖，而是要正确处理，这就需要现场施工人员需要掌握必要的应对技能。作为房主对于常见问题的处理也需要有一定的了解，既能判断现场施工方的处理方式正确与否，必要时候，自己也可以应对。

| 序号 | 施工工序 | 容易出现的问题 |
| --- | --- | --- |
| 1 | 拆改 | 破坏结构、堵塞管道、垃圾清理不及时、安全措施不到位等 |
| 2 | 放线 | 尺寸错误、定位不准、偏移、水平线不平、垂直线不直等 |
| 3 | 水路 | 防水不到位、水管漏水、泛异味、管材不符合规范、走管随意、连接不牢等 |
| 4 | 电路 | 走线不规范、导线使用不规范、穿线不规范、接线不规范、没装地线等 |
| 5 | 隔墙 | 位置偏移、变形、开裂、不牢固、不平、不隔声等 |
| 6 | 门窗 | 安装不牢、开合不顺、变形、连接松动、有异响、缝隙大、锈蚀等 |
| 7 | 吊顶 | 受力不匀、变形、掉落、不顺直、起伏不平、拼接不平整、锈蚀、不防火等 |
| 8 | 墙面抹灰 | 墙面空鼓，开裂、脱落、析白等 |
| 9 | 墙地砖 | 空鼓、松动、脱落、开裂、色泽不匀、拼接不准等 |
| 10 | 饰面板 | 对接不准、套切不整齐、连接不牢、变形等 |
| 11 | 木作 | 松动、不牢固、不平、不正、变形、有异响等 |
| 12 | 油漆 | 色泽不均匀、流坠、粗糙、开裂、脱落等 |
| 13 | 乳胶漆 | 透底、刷痕明显、起泡、脱皮、色彩不匀等 |
| 14 | 壁纸 | 气泡、褶皱、接缝不直、对花不准、破孔等 |
| 15 | 地板 | 色差大、不平、缝隙大、起拱等 |
| 16 | 卫生洁具 | 不牢固、不平、漏水、缝隙大、釉面破坏、连接件安装不牢、管道堵塞等 |

*1. 了解装修施工各工序容易出现的质量问题。*

*2. 掌握必要的现场质量问题应对技能。*

# 一、装修完后最容易出的质量问题

**1** 切忌　　切忌贪图小便宜选择"街道游击队"，不仅质量没保证，还有可能"卷款潜逃"。

**2** 弄清　　在签订合同前弄清所需要的材料、施工程序及装修项目、工期等，做到心里有数。

**3** 选择　　选择一家信誉好的、实力强的装修公司，虽然价格相对较高，但是"一分钱一分货"。

**4** 注明　　在合同中注明增减项目等有关事宜和违约责任及对于违约的处罚，保证双方在权益上公平、公正，一旦出现纠纷有法律依据。

**5** 掌握　　严格掌握工程过半的标准：木器制作结束、墙面找平结束、厨卫墙地砖吊顶结束、水电改造结束。

**6 检查**

检查装修公司提供的报价单中所列项目的名称、材料、数量、做法、单价、总价等，最好请周围认识的专业人士核算一下。

**7 标注**

在施工图上注明详细的施工做法和材料品牌，作为合同附件，越详细越好，便于工程进展。

**8 分期**

注明详细的付款方式，最好不要一次性付款。通常可以按照材料进场验收合格、中期验收合格、具备初验条件、竣工验收合格保洁结束并清场等几个阶段按比例支付。防止装修公司中途撤出，即使出现问题，有必要更换装修公司时也不会在经济上吃亏。

# 二、水路常见问题及处理

## （一）水路施工常见问题

（1）工人进场时，要检查原房屋是否有裂缝，各处水管及接头是否有渗漏；检查卫浴设备及其功能是否齐全，设计是否合理，酌情修改方案；并做24小时蓄水实验；检查完业主应签字。

（2）用符合国家标准的后壁热镀管材、PPR管或铝塑管，并按功能要求施工，PPR管材连接方式为焊接，PVC管为胶接；管道安装横平竖直，布局合理、

水路施工问题

地面高度350mm便于拆装、维修；管道接口螺纹8牙以上，进管必须5牙以上，冷水管道生料带6圈以上，热水管道必须采用铅油，油麻不得反方向回纹。

（3）水系统安装前，必须检查水管、配件是否有破损、砂眼等；管与配件的连接，必须正确，且加固。给、排水系统布局要合理，尽量避免交叉，严禁斜走。水路应与电路距离

500~1000mm 以上。燃气式热水的水管出口和淋浴龙头的高度要根据燃具具体要求而定。

（4）安装 PPR 管时，热熔接头的温度必须达到 250~400℃，接熔后接口必须无缝隙、平滑、接口方正。安装 PVC 下水管时要注意放坡，保证下水畅通，无渗漏、倒流现象。如果坐便器的排水孔要移位，其抬高高度至少要有 200mm。坐便器的给水管必须采用 6 分管（20~25 铝塑管）以保证冲水压力，其他给水管采用 4 分管（16~20 铝塑管）；排水要直接到主水管里，严禁用 φ50 以下的排水管。不得冷、热水管配件混用。

## （二）现场问题处理

### 1. 排水管堵塞

（1）关上水龙头，以免堵塞处积水更多。

（2）伸手到排水管或污水管口揭开地漏，清除堵塞物。室外的下水道可能堆积了落叶或泥沙，以致淤塞。

（3）洗脸盆或洗涤槽的排水管若无明显的堵塞物，可用湿布堵住溢流孔，然后用撅子（俗称水拔子）排除堵塞物。

（4）水开始排出时，应继续灌水，冲去余下的废物。

（5）如果撅子无法清除洗涤槽或洗脸盆污水管的堵塞物，可在存水弯管下放一只水桶，拧下弯管，清除里面的堵塞物。新式存水弯管是塑料造的，用手就可以拧下来，用扳手则不要太用力。

（6）如果是排水管堵塞，可用一根坚硬而有弹性的通管捅掉堵塞物。

（7）如果依然无效，或没有这些工具，就得找水管工人修理了。

### 2. 水管漏水

（1）常见漏水问题。

1）水管接头漏水：这种情况一般属于比较轻微的，解决起来也不难，那是由于水管和水龙头没衔接好。

2）下水管漏水：水管硬化或者长时间异物堵住水管导致破裂。

3）铁水管漏水：铁水管一般情况是由于长时间的滴水没及时更换水管，导致水管生锈腐蚀。

4）塑料水管漏水：塑料水管硬化或者长时间异物堵住水管导致破裂。

（2）水管接头漏水处理。

如果水管接头本身坏了，只能换新的；丝口处漏水则可将其拆下，如没有胶垫的要装上胶垫，胶垫老化了就换新的，丝口处涂上厚白漆再缠上麻丝后装上，或用生料带缠绕也一样。如果是胶接或熔接处漏水就困难些了，自己较难解决。

如果是由于水龙头内的轴心垫片磨损所致，可使用钳子将压盖拧转松并取下，以夹子将轴心垫片取出，换上新的轴心垫片即可。

（3）下水管漏水处理。

1）如果是 PVC 水管坏了，就可以直接去买一根新的 PVC 水管来自己接。先把坏了的那根管子割断，把接口先套进管子的一端，使另外的一端的割断位置正好与接口的另外的一个口子齐平，使它刚好能够弄直，然后把直接头往这一端送，使两端都有一定的交叉距离（长度）。然后把它拆卸下来，用 PVC 胶水涂抹在直接的两端内侧与两个下水管的外侧。

2）可以买防水胶带来修补下水管，就缠住可以了，再用砂浆防水剂和水泥抹上去就可以了。

3）在自己不能处理的情况下，找专业的维修公司比较好一点。

（4）铁水管漏水处理。

1）铁水管没有锈渍，只是部分位置破坏。把水管总阀关闭，只需要更换该位置的铁水管即可。切断该位置水管，再用车丝用的器械车丝扣，再接上连接头即可。

2）因为整体水管锈蚀所致，把水管总阀关闭，把该段水管整体换掉，两头套上螺母扣拧上。

3）如果是连接头出现问题就换掉接头部分。如果是管身出现漏水，则需要先磨去原管身的锈渍，再采用焊接方法修补，注意需要在修补位置镶嵌一块与水管贴合紧密的铁板做加固处理。

（5）塑料水管漏水处理。

1）先用小钢锯把漏水的地方锯掉，锯口要平。

2）用砂纸把新露出的端口轻轻打磨，不要太多。

3）用干净的布将端口擦拭干净。

4）用专用胶水涂在端口上，稍微晾一会儿，趁此时在"竹节"接头内涂上胶水。

5）把端口和"竹节"连接，要反复转动，直到牢固，同样的方法去连接另一端。

6）一切完成后在接缝处再涂适量的胶水，确保不渗漏。

塑料水管漏水

3. 水龙头漏水

| 漏水现象 | 原因 | 解决办法 |
|---|---|---|
| 水龙头出水口漏水 | 当水龙头内的轴心垫片磨损则会出现这种情况 | 根据水龙头的大小，选择对应的钳子将水龙头压盖旋开，并用夹子取出磨损的轴心垫片，再换上新的轴心垫片即可解决该问题 |
| 水龙头接管的结合处出现漏水 | 检查下接管处的螺母是否松动 | 将螺母拧紧或者换上新的 U 形密封垫 |
| 水龙头栓下部缝隙漏水 | 这是因为压盖内的三角密封垫磨损所引起的 | 可以将螺钉转松取下栓头，接着将压盖弄松取下，然后将压盖内侧三角密封垫取出，换上新的即可 |

**TIPS**

### 如何换水龙头

（1）换装水龙头之前，要先将洗脸盆下方的水龙头总开关关闭。如果洗脸盆下方还有陶瓷材质的盖子或柱子盖住，要小心将盖子拆开，因为这类材质的器具很容易损坏。

（2）关闭水源开关之后，需循着水管往上找到水龙头与水管的接口处，捏住水管上方的金属接头，用力旋转几下，将它拆下来。

（3）水管拆下来摆在一边，可以仔细看一下这些水管的接头和管壁，大部分都很脏。建议可以考虑用新的换掉。在五金行就有卖这类管子的。

（4）将水管拆掉之后，用手握住整个水龙头再往左、往右轻轻旋转两下，把水龙头扭松。

（5）将水龙头下方的塑胶旋扭拆下来。

（6）将整个旧的水龙头拿起来。

（7）接着再把新的水龙头套上去，摆正。

（8）套上塑胶固定旋扭并转紧之后，再从下方把水管装上去，拧紧。

（a）新水龙头与软管

（b）拆旧软管止水阀端

（c）拆水龙头固定螺栓

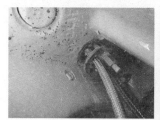
（d）拆旧水管螺栓

（e）拆旧水龙头

（f）安装新水龙头与软管

（g）固定水龙头

（h）拧紧新软管

4. 卫浴、厨房下水道返臭味

下水道返味的原因可能是下水道的水封高度不够，存水弯水分很快干涸，使排水管内的臭气上溢。这时可以给下水道加一个返水弯，或换一个同规格的下水道。如果长期无人在家，最好用盖子将下水道封起来。

在卫浴的排水口，因为要防止排水管里发出的异味，所以一般都会有一些积水，其原理和马桶是差不多的，这个时候排水口起到了防臭阀的作用。但是由于在洗澡

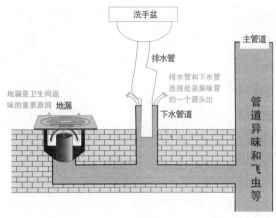

地漏返臭

的时候，身体的污垢和毛发都会呈糊状堵住排水口，一旦水流受阻，这里就会成为恶臭与病菌的"发源地"。因此有必要进行"分解扫除"，所需要的工具非常简单，只需要牙刷和海绵即可。如果是一般住宅的排水口，首先需要将排水口的外壳拆下，将塑料制的网旋转拆下。另外还要将最下方的零件也拆下，全部拆下以后，可以用牙刷和海绵进行清洗。

如果太久没拆卸清洗排水口，零件发出的恶臭会让人不堪忍受，这到底要如何才能真正清洗干净呢？如果零件变色或者发出的恶臭非常严重的话，在取出清洗完并重新安装回去后，可以一点点地滴氯水漂白剂进去，这个过程可持续 3~5 分钟。需要特别注意的是，如果用到氯水漂白剂，一定要戴上手套，并保持浴室换气通风。等到氯气的味道都消散了以后，再重新用清水冲洗一下排水口，就能发现排水口已经光洁如新了。虽说每次都要将手伸入脏兮兮的排水口里才能拆下排水口的零件，但依然建议每周都能够做一次清洁，以防滋生的微生物和病菌危害健康。

厨房的排水口的清洁过程和浴室的差不多，非常简单就可以清洗干净。

### 防止地漏返臭味的方法

（1）储水防臭地漏：这是最常见的传统地漏，通过在地漏的储水弯中积储一定量的水，依靠水的密封性起到封隔下水道臭气上溢，阻隔蟑螂等害虫的作用。按照有关标准，应保证水封高度为 50 mm，并能保持水封不干涸。

（2）密封防臭地漏：是在地漏的飘覆盖上加上一个上盖，使地漏体密封起来防止臭气。这种地漏比较简洁，但需要掀开盖子排水，比较麻烦。

（3）三防地漏：是目前最新的防臭地漏。其原理是在地漏下端排管处安装一个小漂浮球，通过下水管道里的水压和气压将小球顶住，起到防臭、防虫、防溢水的作用。

5. 厨房水池堵塞

（1）先关闭水龙头，以免造成堵塞处积水更多。

（2）用手或钩子等工具伸到排水管中，清除堵塞在其中的脏物。如果居住的是一楼，应检查室外的厨房下水道处是否堆积了落叶或淤泥，以致堵塞了排水管。

（3）当厨房水池或洗涤槽的排水管无明显的堵塞物时，可以用湿布堵住溢流孔，然后用搋子排除淤积物。

（4）如果使用搋子不能清除水池或洗涤槽排水管的堵塞物，可以在排水管的存水弯处先放置一个水桶，然后拧下弯管，清除里面的堵塞物。

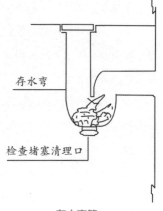

存水弯管

（5）如果以上方法都不奏效，说明造成排水管堵塞的淤积物在管道深处，此时应及时告知修理工，以免长时间堵塞造成水池积水。建议最好找专业的师傅来维修。

6. 坐便器堵塞

（1）坐便器轻微堵塞。一般是手纸或卫生巾、毛巾、抹布等造成的坐便器堵塞。这种情况直接使用管道疏通机或简易疏通工具就可以疏通了。

（2）坐便器硬物堵塞。使用的时候不小心掉进塑料刷子、瓶盖、肥皂、梳子等硬物。这种堵塞轻微时可以直接使用管道疏通机或简易疏通器直接疏通，严重的时候必须拆开坐便器疏通。这种情况只有把东西弄出来才能彻底解决。

橡皮气压式疏通器

（3）坐便器老化堵塞。坐便器使用的时间长了，难免会在内壁上结垢，严重的时候会堵住坐便器的出气孔而造成马桶下水慢。解决方法就是找到通气孔刮开污垢就可以让坐便器下水畅通了。

（4）坐便器安装失误。安装失误一般分为底部的出口跟下水口没有对准位置、坐便器底部的螺钉孔完全封死会造成坐便器下水不畅通、坐便器水箱水位不够高影响冲水效果。

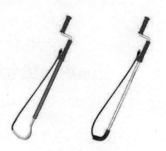

手动式马桶疏通器

（5）蹲便改坐便。有些老房子建房时安装的是蹲便，下水管道底部使用的是"U"形防水弯头。在改成坐便器的时候，最好能把底部弯头换成直接弯。如果换不了，那在安装坐便器前就一定要做好底部反水弯清理工作，安装时切忌让水泥或瓷砖碎片掉进去。

# 三、电路常见问题处理

## （一）电路施工常见问题

（1）设计布线时，执行强电走上，弱电在下，横平竖直。强、弱电穿管走线的时候不能交叉，要分开。一定要穿管走线，切记不可在墙上或地下开槽后明铺电线之后，用水泥封堵了事，这会给以后的故障检修带来麻烦。另外，穿管走线时电视线和电话线应与电力线分开，以免发生漏电伤人毁物甚至着火的事故。

（2）槽深度应一致，一般是 PVC 管直径 +10mm；电源线所用导线截面积应满足

强电线管顶面安装

用电设备的最大输出功率。一般情况，照明 1.5mm$^2$，空调挂机及插座 2.5mm$^2$，柜机 4.0mm$^2$，进户线 10.0mm$^2$。

（3）电线应选用铜质绝缘电线或铜质塑料绝缘护套线，保险丝要使用铅丝，严禁使用铅芯电线或铜丝做保险丝。施工时要使用三种不同颜色外皮的塑质铜芯导线，以便区分火线、零线和接地保护线，切不可图省事用一种或两种颜色的电线完成整个工程。

（4）电线敷设必须配阻燃 PVC 管。插座用 SG20 管，照明用 SG16 管。当管线长度超过 15m 或有两个直角弯时，应增设拉线盒。顶棚上的灯具位设拉线盒固定。PVC 管应用管卡固定。PVC 管接头均用配套接头，用 PVC 胶水粘牢，弯头均用弹簧弯曲。暗盒，拉线盒与 PVC 管用锣接固定。

（5）PVC 管安装好后，统一穿电线，同一回路电线应穿入同一根管内，但管内电线总根数不应超过 8 根，电线总截面积（包括绝缘外皮）不应超过管内截面积的 40%。

（6）电源线与通信线不得穿入同一根管内。电源线及插座与电视线及插座的水平间距不应小于 500mm。电线与暖气、热水、燃气管之间的平行距离不应小于 300mm，交叉距离不应小于 100mm。

（7）穿入配管导线的接头应设在接线盒内，线头要留有余量 150mm，接头搭接应牢固，绝缘带包缠应均匀紧密。安装电源插座时，面向插座的左侧应接零线，右侧应接火线，中间上方应接地保护线。接地保护线为 2.5mm$^2$ 的双色软线。

（8）当吊灯自重在 1kg 及以上时，要采用金属链吊装且导线不可受力。应先在顶板上安装后

置埋件，然后将灯具固定在后置埋件上。严禁安装在木楔、木砖上。连接开关、螺口灯具导线时，火线应先接开关，开关引出的火线应接在灯中心的端子上，零线应接在螺纹的端子上。

（9）导线间和导线对地间的电阻必须大于 0.5MΩ。强电与弱电插座间距离保持 50cm，强电与弱电要分线穿管。明装插座距地面应不低于 1.8m；暗装插座距地面不低于 0.3m，为防止儿童触电、用手指触摸或用金属物插捅电源的孔眼，一定要选用带有保险挡片的安全插座；单相二眼插座的施工接线要求是：当孔眼横排列时为"左零右火"；竖排列时为"上火下零"；单相三眼插座的接线要求是：最上端的接地孔眼一定要与接地线接牢、接实、接对，绝不能不接。余下的两孔眼按"左零右火"的规则接线，值得注意的是零线与接地保护线切不可错接或接为一体；电冰箱应使用独立的、带有保护接地的三眼插座。严禁自做接地线接于燃气管道上，以免发生严重的火灾事故；抽油烟机的插座也要使用三眼插座，接地孔的保护绝不可掉以轻心；卫生间常用来洗澡冲凉，易潮湿，不宜安装普通型插座。

（10）每户应设置强弱电箱，配电箱内应设动作电流 30mA 的漏电保护器，分数路经过控开后，分别控制照明、空调、插座等。控开的工作电流应与终端电器的最大工作电流相匹配，一般情况下，照明 10A，插座 16A，柜式空调 20A，进户 40~60A。

## （二）现场问题处理

### 1. 电路接触不良

（1）导线与导线连接处接触不良。在所有接触不良引发火灾的原因中，线路接头处接触电阻过大引起的火灾居第一位。电气线路的连接处，若存在接点接触松弛，接点间的电压足以击穿空气间隙形成电弧，进出火花，点燃附近的可燃物引发火灾。

（2）导线与电器设备的连接处接触不良。电器设备违反接线方式、连接不牢，或维护保养不良，或长期运行过程中在接头处产生导电不良的氧化膜，或接头因振动、热的作用等，使连接处发生松动、氧化造成接触电阻过大。

（3）插头与插座的接插部位接触不良。各种电源，用电设备、装置，照明灯具，电热器具，家用电器等插头与插座的接插部位接触松动或接触不良，会产生电弧、火花而引起火灾。

（4）导线与开关接线端连接处接触不良。导线与电源和电器设备的自动空气开关或手动刀闸开关接触不良、连接点松动，造成接触电阻过大，会使得局部过热和产生击穿电弧或电火花引燃可燃物。

### 2. 检测电源插座的地线是否有效

检测插座地线是否有效，有一个简单且准确的方法：拿一支有黑白电子液晶显示屏的电笔（有两个感应钮，小液晶屏可显示电压伏数，如 12V、36V、55V、110V、220V，碰到人体也可发亮），通电后，手按着电子电笔的"直接检测键"，将电笔头去接触电脑的金属体部位，如果指示灯没显示电压伏数或者显示 12V，证明电源插座内的地线良好；如果电笔显示 110V，则证明地线失效，或者没有地线。

3. 跳闸、走火

（1）跳闸、走火的原因。

1）漏电断路器质量有问题：先检查漏电断路器的质量。一是对漏电脱扣器的检查，一般用试验按钮来检验，在按试验按钮时，漏电断路器应动作，要求跳闸灵敏；二是检查漏电断路器在空载状态下能否合闸，如果不能合闸，则此漏电断路器有故障，不能使用，应该更换。

2）漏电断路器接线错误：检查是否把某一用电设备的相线接到漏电断路器的前面，使部分负荷没有通过漏电断路器。这样会使漏电断路器零线电流大于火线电流，使其跳闸，甚至合不上闸。

3）用电设备漏电：如果用电设备漏电的话，设备金属外壳带电，可以用测电笔检验，找出故障。

4）插座零线、地线接反：如果插座的零线、地线接反，会形成零序电流，引起漏电断路器动作。

5）照明回路上某灯具的零线取自插座回路：现代住宅是多回路供电，照明和插座分开供电，照明回路用断路器控制，插座用漏电断路器控制。若照明回路个别白炽灯灯具的零线取自插座回路，则此接线形成了零序电流，引起漏电断路器动作。检查时可切断插座电源（火线和零线同时切断），如果某盏白炽灯不亮（经检查火线有电且火线、零线间无电压），可确定灯的零线取自插座回路，在此位置查找到零线接入点，重新接线，便可解决问题。

6）线路受潮引起漏电而跳闸：检查厨房、卫浴线路中的接线盒。打开受潮的接线盒，如果里面的接头湿漉漉的，有水珠覆盖着，个别的管口还滴水，这是上层的防水层损坏，水渗入电气管线所致。此时应打开所有与之关联的接线盒、开关盒，做自然排水、自然干燥处理，并把所有接头的绝缘重新包扎，线路自然干燥 1~2 天，便可解决漏电问题（同时处理好上层防水层漏水），恢复正常供电。对于新建建筑物，由于还没完全干燥，线路更容易受潮，应检查所有房间。

（2）跳闸、走火的紧急解决办法。

空气开关和漏电保护器一定要分清，漏电保护器就是最大的，后面小的都叫空气开关。首先把所有的空气开关包括漏电保护器全落下，然后开始送闸，先把漏电保护器送上，再一一送空气开关。

如果送漏电保护器就送不上的话，那就有可能就是漏电保护器的问题，换一个即可；如果不跳闸那就继续送闸，如果跳闸了，那就说明就是该路电路的问题；推不上闸的空气开关先别管，继续送后面的空气开关，然后检查家里哪路电没电了。

然后把所有的电器插座全部拔下，再送一下刚才没送上的空气开关看看，如果还是送不上，把空气开关箱上的盖子卸下。再把电路的零线和地线全插离总线，看看是否火线漏电。用电笔测下插离的零线和地线是否传电，一般不使用大功率电器的话，零线和地线是不会传电的。如果零线和地线没问题的，就可以把零线和火线调换下。

火线漏电，把它做成地线是没关系的。地线接到空气开关的底下，然后把电路的所有插座里的地线和火线全部调换下位置即可。

（3）避免电源总开关总是跳闸的方法。

家里的电源开关一般有两种：一种是带漏电保护的，另一种是不带漏电保护的。带漏电保护的开关跳闸绝大部分的原因是零线上的电流过大（一般是毫安级的），说明家里的电器有漏点，应检查各个用电器；不带漏电保护的开关跳闸的原因是供电电流大于开关的额定电流。其他开关没问题，是因为单个用电器的电流没有超过单个开关的额定电流。

总是跳闸的原因一般有两种情况，一是漏电跳闸（如果家里装有漏电保护器的话），二是超负荷跳闸，所以需要注意以下问题。

1）如果平时不跳闸而当使用某个电器时就跳闸或容易跳闸，那就说明这个电器有漏电的地方或有绝缘不好的地方。

2）如果只要使用某一个线路，即某个线路一旦供电就跳闸，那就说明这条线路有漏电的地方。

3）如果当某一个电器使用时，刚开始不跳闸，而等一会就跳闸，那就说明这个电器的绝缘老化了，热稳定性变差而发生漏电。

4）如果是使用耗电功率相对较大的电器或家里有较多的用电设备在使用，这个时候跳闸，那就说明家里跳闸的空气开关（家用的 PVC 空气开关或漏电保护器）的额定电流选小了，应该换一个适宜的额定电流比较大的漏电保护器。

# 四、顶面常见问题及处理

## （一）吊顶施工常见问题

（1）吊顶时没对龙骨做防火、防锈处理。如果一旦出现火情，火是向上燃烧的，那么吊顶部位会直接接触到火焰，因此如果木龙骨不进行防火处理，造成的后果不堪设想；由于吊顶属于封闭或半封闭的空间，通风性较差且不易干燥，如果轻钢龙骨没有进行防锈处理，很容易生锈，影响使用寿命，严重的可能导致吊顶坍塌。所以，在施工中应按要求对木龙骨进行防火处理，并要符合有关防火规定；对于轻钢龙骨，在施工中也要按要求对其进行防锈处理，并符合相关防锈规定。

（2）吊顶的吊杆布置不合理。如果由于吊杆间距的布置不合理，造成间距过大；或者在与设备相遇时，取消吊杆，造成受力不均匀。这种施工很容易出现吊顶变形甚至坍塌，存在严重的安全隐患。所以，在布置吊杆时，应按设计要求弹线，确定吊杆的位置，其间距不应大于1.2m。且吊杆不能与其他设备的吊杆混用，当吊杆与其他设备相遇时，应视情况酌情调整并增加吊杆数量。

吊顶施工

（3）吊顶不顺直。轻钢龙骨吊顶的龙骨在安装好后，主龙骨和次龙骨在纵横方向上存在着不顺直、有扭曲的现象。如果吊顶不顺直等质量问题较严重，就一定要拆除返工。如果情况不是十分严重，则可利用吊杆或吊筋螺栓调整龙骨的拱度，或者对于膨胀螺栓或射钉的松动、脱焊等造成的不顺直，采取补钉、补焊的措施。

（4）木龙骨安装好后，其下表面的拱度不均匀，个别处呈现波浪形。如果木龙骨吊顶龙骨的拱度不均匀，可利用吊杆或吊筋螺栓的松紧调整龙骨的拱度。如果吊杆被钉劈裂而使节点松动时，必须将劈裂的吊杆更换。如果吊顶龙骨的接头有硬弯时，应将硬弯处的夹板起掉，调整后再钉牢。

（5）石膏板吊顶的拼接处不平整。在施工中没有对主、次龙骨进行调整，或固定螺栓的排列顺序不正确，多点同时固定，造成了在拼接缝处的不平整、不严密及错位等现象，从而影响装饰效果。所以，在安装主龙骨后，应及时检查其是否平整，然后边安装边调试，一定要满足板面的平整要求；在用螺栓固定时，其正确顺序应从板的中间向四周固定，不得多点同时作业。

（6）吊平顶施工完毕后，发现吊顶表面起伏不平。吊平顶要求安装牢固、不松动、表面平整，因此在吊平顶封板前，必须对吊点、吊杆、龙骨的安装进行检查，凡发现吊点松动，吊杆弯曲，吊杆歪斜，龙骨松动、不平整等情况的应督促施工人员进行调整。如果吊平顶内敷设电气管线、给排水、空调管线等时，必须待其安装完毕、调试符合要求后再封罩面板，以免施工踩坏平顶而影响平顶的平整度。罩面板安装后应检查其是否平整，一般以观察、手试方法检查，必要时可拉线、尺量检查其平整情况。

## （二）现场问题处理

### 1. 顶面潮湿发霉

当室内湿气过多、潮湿过重时，就会引发潮湿顶面发霉长毛的现象。当室内霉菌蔓延时，会对人身体产生不良的影响，特别是对于皮肤过敏者。那么当室内顶面因潮湿发霉时，可先用干牙刷将霉渍刷掉，再用软布蘸酒精进行轻轻抹擦，这样就可以使墙面干燥，防止霉菌滋生了。

此外，还可以用漂白粉加水按1：99的比例，调配成水剂，倒进喷水瓶，喷在发霉的顶面上，即可以解决顶面发霉的问题。如果是在天气潮湿时，可用漂白粉和水按1：20的比例调配，抹在霉菌顶面上，待顶面干燥后，用砂纸将顶面磨平，最后再刷一层腻子就可以了。

### 2. 顶面出现裂缝

家居顶面出现裂缝不仅不美观，而且很危险，容易给家人带来不安全因素，所以一旦发现顶面有裂缝，无论大小，都应该及时地修补。想要解决顶面的裂缝可以参考以下两种方法：

（1）入住后发现顶面裂缝时，可以把面层、底子都铲掉，然后在裂缝地方剔凿出"∨"字形的槽，不要凿得太深，一般5mm左右即可，然后用石膏板嵌缝腻子补平，一定要一层一层地补，最后再用石膏板嵌缝腻子粘贴一道网格布，再做腻子和乳胶漆即可。

（2）在装修时发现裂缝，一定要先把原本顶面上的腻子全部刮掉，然后再刷一层界面剂，以杜绝缝隙里的腻子与新腻子发生作用。另外，顶面的灰也必须清理干净，否则也会有鼓包等现象。

### 3. 顶面不平

顶面是家居空间不可缺少的一个组成部分，尽管人们不会常常抬起头查看，但是顶面不平会使人感到压抑和倾斜，并不舒适。所以顶面不平这一现象是一定要及早处理的。一般处理这个问题有两个方法，一是重新找平，要先用找平剂找平，然后才能用腻子粉来批墙，这样会更加地平整，还可以防开裂；二是做吊顶，当顶面无法找平的时候，吊顶就是最好的选择了，虽然会降低一些顶面空间感，但却能够弥补顶面不平所带来的缺陷，同时也增加家居的美感。

# 五、墙面常见问题处理

## （一）墙面施工常见问题

### 1. 墙面抹灰常见问题

（1）砖墙或混凝土基层抹灰后，由于水分的蒸发、材料的收缩系数不同、基层材料不同等，容易在不同基层墙面的交接处，如接线盒周围等，出现空鼓、裂缝问题。做好抹灰前的基层处理是确保抹灰质量的关键措施之一，必须认真对待。墙面上所有的接线盒的安装时间应注意，一般在墙面打点冲筋后进行。抹灰工与电工同时配合作业，安装后接线盒与冲筋面相平，因此可避免接线盒周围出现空鼓、裂缝等质量问题。

墙面泛碱

（2）水泥砂浆经过一段时间凝结硬化后，在抹灰层出现析白现象，影响美观的同时也污染环境。在进行抹灰之前，须用方、横线找平、竖线吊直，这是确保抹灰面平整、方正的标准和依据；在做灰饼和冲筋时，要注意不同的基层要用不同的材料，如水泥砂浆的墙面，要用1：3的水泥砂浆；在罩面灰施工前，应进行一次质量检查验收，如果有不合格之处，必须进行修整后方可进行罩面灰施工。

（3）如果基层比较光滑而没有进行凿毛处理，会影响水泥砂浆层与基层的黏结力，导致水泥砂浆层容易脱落；如果基层浇水没有浇透，会使抹灰后砂浆中的水分很快被基层吸收，从而影响水泥的水化作用，导致水泥砂浆与基层的黏结性能降低，易使抹灰层出现空鼓、开裂等问题。抹灰前将基层表面残留的灰浆、疙瘩等铲除干净；表面有孔洞时，应先按孔洞的深浅用水泥砂浆或细石混凝土找平；过于光滑的墙面，必须凿毛，每10mm凿三道，如有油污严重时要刮掉凿毛；砖墙基层一般情况下需浇水2~3遍，当砖面渗水达到8~10mm时方可抹灰。

（4）抹灰不分层，一次抹压成活，难以抹压密实，很难与基层黏结牢固。且由于砂浆层一次成型，其厚度厚、自重大，易下坠并将灰层拉裂，同时也易出现起鼓、开裂的现象。抹灰应分层进行，且每层之间要有一定的时间间隔。一般情况下，当上一层抹灰面七八成干时，方可进行下一层面的抹灰。

（5）水泥砂浆抹在石灰砂浆上。由于水泥砂浆强度高，而石灰砂浆强度低，两种砂浆的收缩系数不一样，导致抹灰层出现开裂、起翘等现象。水泥砂浆面层必须抹在水泥砂浆基层上，石灰砂浆面层必须抹在石灰砂浆基层上，两者不允许搭配使用。

（6）抹灰层厚度过大，不仅浪费物力和人力，而且会影响质量。抹灰层过厚，容易使抹灰层开裂、起翘，严重的会导致抹灰层脱落，引发安全事故。抹灰层并不是越厚越好，只要达到质量验评标准的规定即可。如顶面抹灰厚度为15~20mm、内墙抹灰厚度为18~20mm等。

2. 贴砖常见问题

（1）墙面砖在施工完毕后，在使用过程中出现空鼓和脱壳等问题。首先要对粘贴好的面砖进行检查，如发现有空鼓和脱壳时，应查明空鼓和脱壳的范围，画好周边线，用切割机沿线割开，然后将空鼓和脱壳的面砖和黏结层清理干净，而后用与原有面层料相同的材料进行铺贴，要注意铺黏结层时要先刮墙面、后刮面砖背面，随即将面砖贴上，要保持面砖的横竖缝与原有面砖相同、相平，经检查合格后勾缝。

（2）铺好的墙面砖受到污染，造成"花面"。对于墙面砖污染的处理，一般采用化学溶剂进行清洗。采用酸洗的方法虽然对除掉污垢比较有效，但其副作用也比较明显，应尽量避免。如盐酸不仅会溶解泛白物，而且对砂浆和勾缝材料也有腐蚀作用，会造成表面水泥硬膜剥落，光滑的勾缝面会被腐蚀成粗糙面，甚至会露出砂粒。

（3）墙面砖在粘贴完毕后，砖与砖和缝与缝之间的颜色深浅不同，使得墙面颜色不均匀，影响了装饰效果。在粘贴前，墙面砖的选择一定要是同产地、同规格、同颜色、同炉号的墙面砖产品。粘贴时，要确保勾缝质量，保证勾缝宽窄一致、深浅相同，不得采用水泥净浆进行勾缝，而应采用专用的勾缝材料。

（4）施工时为了节省成本，有时会用非整砖随意拼凑粘贴。但如果非整砖的拼凑过多，会直接影响到装饰效果和观感质量，尤其是门窗口处，易造成门口、窗口弯曲不直，给人以琐碎之感。粘贴前应预先排砖，使得拼缝均匀。在同一面墙上横竖排列，不得有一行以上的非整砖，且非整砖的排列应放在次要部位。

（5）使用一段时期后，墙面砖开始开裂、变色。由于瓷砖的质量不好，材质疏松及吸水率大，其抗压、抗拉、抗折性能均相应的下降。在冻融转换、干缩的作用下，产生内应力作用而开裂，裂纹的形状有单块条裂和几块通缝裂、冰炸纹裂等多种，严重影响了美观性和使用性；在粘贴前泡水时，瓷砖没有泡透或粘贴时砂浆中的浆水从瓷砖背面渗入砖体内，并从面层上反映出来，造成瓷砖变色，影响了装饰效果。应选用材质密实、吸水率小、质地较好的瓷砖。在泡水时一定要泡至不冒气泡为准，且不少于 2 小时。在操作时不要大力敲击砖面，防止自己受伤，并随时将砖面上的砂浆擦拭干净。

3. 乳胶漆常见问题

（1）透底：产生原因是漆膜薄，因此刷乳胶漆时除应注意不漏刷外，还应保持乳胶漆的黏稠度，不可加水过多。

（2）接槎明显：涂刷时要上下刷顺，后一排笔紧接前一排笔，若间隔时间稍长，就容易看出明显接槎，因此大面积涂刷时，应配足人员，互相衔接。

（3）刷纹明显：乳胶漆黏度要适中，排笔蘸量要适当，多理多顺，防止刷纹过大。

乳胶漆施工

（4）分色线不齐：施工前应认真画好粉线，刷分色线时要靠放直尺，用力均匀，起落要轻，排笔蘸量要适当，从左向右刷。

（5）涂刷带颜色的乳胶漆时，配料要合适，保证独立面每遍用同一批乳胶漆，且应一次用完，保证颜色一致。

**4.壁纸施工常见质量问题**

（1）由于塑料壁纸遇水后会自由膨胀，如果在施工前没有进行润纸处理，在粘贴时，壁纸会吸湿膨胀、出现气泡、褶皱等质量问题，既影响装饰效果，又影响使用功能。

（2）壁纸施工完毕后，壁纸接缝不垂直；或者壁纸接缝虽然垂直，但花纹不与纸边平行而造成花纹不垂直。如果壁纸接缝或花纹的垂直度有较小的偏差时，为了节约成本，可忽略不计；如果壁纸接缝或花纹的垂直度有较大的偏差时，则必须将壁纸全部撕掉，重新粘贴施工，但施工前一定要把基层处理干净。

（3）在使用一段时间后，发现相邻的两幅壁纸间的间隙较大。如果相邻的两幅壁纸间的离缝距离较小时，可用与壁纸颜色相同的乳胶漆点描在缝隙内，漆膜干燥后一般不易显露；如相邻的两幅壁纸间的离缝距离较大时，可用相同的壁纸进行补救，但不允许显出补救痕迹。

（4）在壁纸粘贴后，表面上有明显的褶皱及棱脊凸起的死褶，且凸起的部分无法与基层黏结牢固，影响了装饰效果。如是在壁纸刚刚粘贴完时就发现有死褶，且胶粘剂未干燥，这时可将壁纸揭下来重新进行裱糊；如胶粘剂已经干透，则需要撕掉壁纸，重新进行粘贴，但施工前一定要把基层处理干净。

（5）由于发泡壁纸的表面具有凹凸型花纹，如果使用钢皮刮板推压，极易将壁纸的凹凸花纹刮平，影响装饰效果。在裱糊发泡壁纸时，应先用手将壁纸舒展平整后，用橡胶刮板擀压且要用力均匀。

**5.油漆常见问题**

（1）色泽不均匀是油漆施工中较常见的质量问题，通常情况下发生在上底色、涂色漆及刮色腻子的过程中，严重影响了装饰效果。在油漆施工过程中，应将基层处理干净。腻子应水分少而油性多，腻子配制的颜色应由浅到深，着色腻子应一次性配成，不得任意加色。另外，涂刷完毕的饰面，要加强保护，要防止水状物质接触饰面，其他油渍、污渍等更加不允许。

（2）在垂直饰面的表面或凹凸饰面的表面，容易发生流坠现象。轻者如水珠状，重者如帐幕下垂，用手摸有明显的凸出感，严重影响了装饰效果。在油漆刚产生流坠时，可立即用油漆刷子轻轻地将流淌的痕迹刷平。如果是黏度较大的油漆，可用干净的油漆刷子蘸松节油在流坠的部位刷一遍，以使流坠部分重新溶解，然后用油漆刷子将流坠推开拉平。如果漆膜已经干燥，对于轻微的流坠可用细砂纸将流坠打磨平整。而对于大面积的流坠，可用水砂纸打磨，在修补腻子后再满涂一遍即可。

（3）施工后发现漆膜中的颗粒较多，表面较粗糙。当漆膜出现颗粒且表面粗糙后，可用细水砂纸蘸着温肥皂水，仔细将颗粒打平、磨滑、抹干水分、擦净灰尘，然后重新再涂刷一遍。对于高级装修的饰面可用水砂纸打磨平整后上光蜡使表面光亮，以此遮盖漆膜表面粗糙的缺陷。

（4）在施工完成一段时间后，漆膜发生开裂。漆膜开裂是一种老化现象，原因是油漆长时间受到氧化作用，使漆膜失去弹性、增加了脆性，而导致开裂。对于轻度的漆膜开裂，可用水砂纸打磨平整后重新涂刷；而对于严重的漆膜开裂，则应全部铲除后重新涂刷。对于聚氨酯漆面的开裂，可用 300 号水砂纸在表面进行打磨，然后用聚氨酯漆涂刷 4 遍。在常温情况下，每遍的间隔时间为 1 小时左右。待放置 3 天后，再进行水磨、抛光、上蜡的处理。

## （二）现场问题处理

### 1.墙面问题

（1）墙面渗水有黄色污垢。

1）如果是墙面出现渗漏，应剔除装饰面，采用具有防水密封性能的砂浆找平后，再将穿墙管与墙面的接触部位用高分子防水涂料涂刷两遍，恢复装饰层。

2）如果是墙内预埋管出现渗漏，应进行更换，再恢复防水层与饰面层。穿墙、穿楼板的管道周围要用具有防水密封功能砂浆堵嵌密实，沿管周留 20mm×20mm 的槽，干燥后嵌柔性密封材料，然后再用防水灰浆抹压平整。

（a）剔除饰面装饰

（b）砂浆找平

（c）拆除预埋管

（d）防水灰浆抹平

（2）墙面受潮发霉

居室的墙面受潮，甚至发霉，解决办法如下。

可先在墙面上涂上抗渗液，使墙面形成无色透明的防水胶膜层，即可遏制外来水分的浸入，保持墙面的干燥，随后就可以装饰墙面了。如果墙面已受潮，可选用防水性较好的多彩内墙涂料。

具体施工方法为：先让受潮的墙面有一至两个月的干燥过程，再在墙体上刷一层拌水泥的

墙面受潮发霉

避水浆，起防潮作用。接着用石膏腻子填平墙面凹坑、麻面。然后满刮腻子，干燥后用砂纸将墙面磨平，重复两次，并清扫干净。最后在干燥清洁的墙面上将底层涂料用涂料辊筒辊涂两遍，也可喷涂。

（3）墙面出现壁癌

壁癌指水泥建筑风化潮解所衍生水泥粉化、油漆脱落、白华结晶现象。

1）先用刮刀将墙面刮平整。

2）上清洗剂。在清除壁癌前要先清洗，一般具腐蚀性酸类产品，清洗力不足也具危险性。清洁剂采用植物性配方，无毒无腐蚀性，清洁力极佳，能将细缝中碳酸钙去除，且不会腐蚀水泥，是清洁水泥污垢最佳材料。

3）上底漆，并且最好选择具有防水功能的。

4）上最外层的油漆，注意要多刷几次。

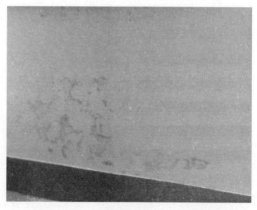
壁癌现象

**2. 面砖空鼓**

（1）若砂浆未松动，仅是瓷砖脱落，可将瓷砖背面和四周黏附的砂浆刮净后，在108胶中掺入少许水泥成糊状，在瓷砖背面均匀地涂上薄薄的一层，稍后压紧瓷砖即可粘牢。

（2）若砂浆连同瓷砖一同掉落，先在原基础面上轻轻凿些毛坑后，用拌有108胶的砂浆重新镶贴，或用水泥、E-44环氧树脂、丙酮、乙二胺（化工商店有售）按5：3：2：1的比

砂浆连同瓷砖脱落

例拌匀后，用毛刷在基础面上刷一层，然后将脱落的瓷砖压上去，直至砂浆硬化。

需要注意的是，若瓷砖仅是局部脱落，千万不可用力敲打基础面上的砂浆，以防振松周围原本牢固的瓷砖。瓷砖在铺贴前应用水浸泡 2 小时以上，让瓷砖充分吸水后，取出阴干或擦净明水；检查墙体基层抹灰是否符合要求，墙面基层脏物、灰尘必须清除干净。

### 3. 乳胶漆常见问题

（1）乳胶漆墙面脱落的处理。

墙面漆剥落可能是表面过于光滑的缘故。若原涂料是有光漆或者是粉质的（加未经处理的色浆涂料），新涂上的墙面漆在表面就粘不牢；或者可能是墙面有污染物未清理干净，也有因墙面漆质量不好而剥落的。小面积的墙面漆剥落，可先用细砂纸打磨，然后抹上腻子，刷上底漆，再重新上漆。如果是大面积的剥落，就必须把漆全部刮去，重新涂刷。

（2）乳胶漆表面起粉。

乳胶漆表面掉粉主要原因是基层未干燥就潮湿施工，未刷封固底漆及涂料过稀也是原因之一。如发现掉粉，应返工重涂，将已涂刷的材料清除，待基层干透后再施工。施工时必须用封固底漆先刷一遍，特别是对新墙，面漆的稠度要合适，白色墙面应稍稠些。

（3）乳胶漆表面起泡。

乳胶漆表面起泡主要是因为漆膜与底材附着不牢，导致出现突起，甚至整片剥落。当然还有其他原因如：① 墙体不干或基层面不干，含水量太高，腻子层未干透。如果在含水量高的墙体上做一些漆膜致密性好、透气性相对较差的墙面漆，特别是一些有光乳胶漆就很容易出现起泡甚至整块揭起。② 腻子使用不当。在可能经常接触水的地方使用

**乳胶漆表面起泡**

了不耐水的腻子，比如把内墙腻子用在外墙，就会导致起泡。③ 在受污染的表面上刷涂，也是导致起泡的原因之一。④ 乳胶漆的稀释浓度过低，也会导致墙面起泡。

预防措施及解决方法：① 底材及表面处理按要求进行，要求含水率小于 10%，且清洁平整无油污。② 选用合适的腻子，绝对不允许将内墙腻子用在外墙。③ 如果出现起泡现象，必须全部铲掉起泡脱落部分，露出里面坚实的基面，重新批刮腻子、涂刷底漆，再刷面漆。

（4）乳胶漆涂刷后有毛糙。

造成乳胶漆墙面不光滑的原因有五种：① 乳胶漆的质量会影响到墙面的光滑平整度。② 在施工过程中，刮腻子、打磨处理不当。③ 刷乳胶漆所用的刷子或者滚涂的方式，即施工工艺的缺陷，导致表面不够光滑。④ 要想墙面平整光滑，除了施工工艺要好，最好是采用喷涂的方式，但是施

工难度比较大。⑤ 要想乳胶漆表面平整光滑，除了墙面基层质量要好之外，可以通过合理调配乳胶漆浓度，增加涂刷遍数的办法来实现。千万不可以想当然地用砂纸打磨一遍，然后再刷一遍面漆，这样不仅会把乳胶漆的漆膜给打磨掉，反而不利于修补。

（5）乳胶漆流坠的解决办法。

乳胶漆施工中产生流坠的原因有：乳胶漆黏度过低、稀释过度；将慢干乳胶漆一次厚涂，喷涂角度不适当、不正确；缓干稀释剂使用过量，喷枪保养或调整不佳；光滑涂面的上层涂装，基层湿度大，不吸收或很少吸收乳胶漆中的水分；施工场所湿度太高，乳胶漆干燥较慢，在成膜中流动性较大；毛刷、毛辊蘸料太多；喷嘴的孔径太大，涂饰面凹凸不平，在凹面积料太多；喷枪施工中压力大小不均匀，喷枪与饰面距离不一致等原因造成的。

乳胶漆流坠现象

想要解决流坠问题，可以使用砂纸磨平流坠部分或铲除重涂。用砂纸将表面磨糙，选用干燥稍快的乳胶漆品种，调整乳胶漆至适当黏度，适量添加缓干稀释剂，太湿墙面不宜施工，涂布量适度，不可一次厚涂。

喷涂时，喷枪垂直被涂物，毛刷、毛辊蘸料应少，勤蘸，调整喷嘴孔径。在施工中应尽量使基层平整，磨去棱角。刷涂时刷匀，调整压力均匀，气压一般为 0.3~0.5MPa，喷枪与饰面距离一般为 40~50cm，并匀速移动。加强施工场所的通风。

（6）乳胶漆后出现污斑。

在粉刷完工之后，有些墙体表面会有一块一块的斑纹，大部分都是因为乳胶漆中的水分溶化墙上的物质而锈出漆面。用钢丝绒擦过的墙面会产生锈斑，墙内暗管渗漏也会出现污斑。

防止污斑问题需要粉刷前先刷一层含铝粉的底漆。若已出现污斑，可先除去污斑处乳胶漆，刷层含铝粉的底漆后，再重新上漆。

乳胶漆涂刷后出现污斑

（7）乳胶漆墙面没有光泽。

乳胶漆失去光泽是因为未上底漆，或底漆及内层漆未干就直接上有光漆，结果有光漆面层被吸收而失去光泽。此外有光漆的质量不好也是一个原因。可以用干湿两用砂纸把旧漆磨掉，刷去打磨的灰尘，用洁净湿布把外表擦净，待干透后，再重新刷上面漆。要特别留意的是，在气温很低的环境下涂漆，漆膜干后，也可能会失去光泽。

4. 壁纸常见问题处理

（1）修补壁纸孔洞。修补步骤如下：

1）用单刃剃须刀片或美工刀沿破损区域修剪所有破损的边。

2）从壁纸余料上剪下稍稍比破损区域大的一块壁纸，用一只手拿住壁纸余料有图案的一面，然后一边剪出圆形壁纸块，一边旋转壁纸余料；经过练习，从印有图案一面的壁纸上剪切下来的那块壁纸的图案可以是完好的，而背面是削边薄边。

3）在这块壁纸背面涂抹薄薄一层黏合剂，然后将其盖在破损区域上。

4）尽量使这块壁纸上的图案与壁纸上的图案相对齐，要完美地对齐图案也许不可能，但是匹配的程度应足以使人难以发觉。

修剪破损壁纸

（2）修复壁纸浮泡。要修复壁纸内的浮泡，切割一个"X"字形，向后掀起，将黏合剂刷入浮泡，然后按下壁纸，位于不显眼处的浮泡就不会引起注意。如果使用的是未加工过的印刷纸，则小浮泡可以随着黏合剂的风干和纸张收缩而自动消失。但是，如果壁纸粘贴到墙上一个小时后浮泡仍未消失，则可能就不会自动消失了。按照如下步骤操作，可以修复贴到墙上一个或两个小时仍未消失的浮泡。

1）用直别针刺浮泡。

2）用拇指轻轻挤压堆积的仍然湿润的黏合剂或空气，使其从小孔处排出，注意不要撕破壁纸。

3）如果此办法行不通，则使用单刃剃须刀片或美工刀在壁纸上割出一个小"X"字形，然后掀起壁纸末端。

4）如果下面有黏合剂块，则轻轻地将其刮除。如果是空气造成的，则使用刷子在壁纸后面涂上少量的黏合剂，然后按下壁纸。边沿可能会有一点重叠，但是以后很难被发现。

（3）修复壁纸接缝。先提起接缝处，然后使用刷子或者注射器在接缝下涂抹黏合剂，具体步骤如下：

1）轻轻地提起接缝，然后用刷子在接缝下涂抹黏合剂。将接缝向下压，然后用叠缝滚压机在上面滚动。如果在重叠的乙烯基壁纸上发现了松动的接缝，即可使用乙烯基黏合剂将其粘住。

2）如果接缝有任何脱落的迹象，则使用两个或三个直别针穿过壁纸，钉在墙上，直到黏合剂变干。

5. 乳胶漆与壁纸更换

（1）乳胶漆墙面更换成壁纸。一般的乳胶漆受水回潮会导致壁纸剥离、起泡，严重的还会使灰底与乳胶层脱离。正常情况下旧墙面须用粗砂纸打磨多遍再涂专用壁纸机膜固化灰底，等干透后再贴壁纸。贴完壁纸后还需关闭门窗 2~4 天。如果原有乳胶漆墙面达到壁纸施工要求，可以直接贴加强木浆类或木纤维类的透气性好的壁纸。

涂抹黏合剂

乳胶漆墙面是否直接贴壁纸，可从以下两方面考虑。

1）看墙面乳胶漆的质量。涂层是否牢固，是否有裂纹，是否平整、起鼓等，如果这一类的墙面面积过大，最好铲除，如果只是局部，那只需做局部处理即可。

2）壁纸的材质有差异，造成后期的施工效果差异也很大。表面是 PVC 材质的壁纸，因为受外界冷热变化影响大大，容易收缩，开始看不出来，一两年后壁纸因表面收缩造成接缝处把原有墙皮拔起，翘边出来很难看而且无法维修；纯纸质壁纸，受干湿变化影响大，壁纸施工时要关闭门窗阴干 3 天，阴干后不会再因环境冷热的变化对壁纸接缝和墙面产生作用，只要注意到这一点可以放心使用了。

（a）刷基膜

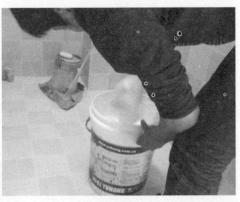

（b）和胶

（c）刷胶

（d）粘贴

（e）擀压

（f）裁切

（2）壁纸墙面更换乳胶漆。想将家里贴的 PVC 壁纸重新刷乳胶漆，应该先用刀片轻轻刮掉壁纸；然后打磨或者刮掉原来的墙面，再刮腻子，最后上漆。

除掉壁纸的墙面基层一般是刮了腻子的素墙面，只需要稍微打磨平整，对凹凸部分做填补后再打磨一次，就可以刷乳胶漆的底漆。白色的墙面如果是刷过乳胶漆的，最好是先将墙面滚上水，发泡后铲除原有的乳胶漆，整体做一次平整打磨，对一些凹凸部分做填补后再打磨一次，就可以刷彩色乳胶漆了；否则由于漆面过厚，会起层。

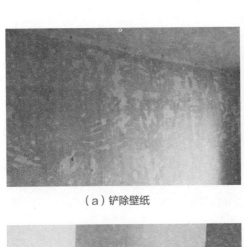

（a）铲除壁纸

（c）细部修补

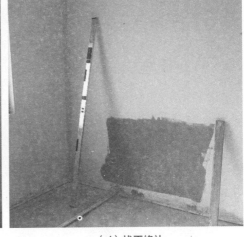

（d）找平修补

（e）打磨

（f）刷底漆

（g）细部处理　　　　　　　　　　　　　　　　　　（h）涂刷面漆

# 六、地面常见问题处理

## （一）地面施工常见问题

### 1. 地面铺砖常见问题

（1）人走在地面砖上时若发现有空鼓声或出现部分地面砖松动的质量问题。这种地面砖空鼓或松动的质量问题处理方法较简单，直接用小木槌或橡皮锤逐一敲击检查，发现空鼓或松动的地面砖做好标记，然后逐一将地面砖掀开，去掉原有结合层的砂浆并清理干净，用水冲洗后晾干；刷一道水泥砂浆，按设计的厚度刮平并控制好均匀度，而后将地面砖的背面残留砂浆刮除，洗净并浸水晾干，再刮一层胶粘剂，压实拍平即可。

（2）由于季节的变化，尤其在夏季和冬季，温差变化较大，地面砖在这个时期容易出现爆裂或起拱的质量问题。可将爆裂或起拱的地面砖掀起，沿已有裂缝的找平层拉线，用切割机切缝，缝宽控制在 10~15mm，而后灌柔性密封胶。结合层可用干硬性水泥砂浆铺刮平整铺贴地面砖，也可用建筑装饰胶粘剂。铺贴地面砖要准确对缝，将地面砖的缝留在锯割的伸缩缝上，缝宽控制在 10mm 左右。

（3）人走在马赛克上时有空鼓声与脱落的质量问题。若发现有局部的脱落现象，应将脱落的马赛克揭开，用小型快口的凿子将黏结层凿低 3mm，用建筑装饰胶粘剂补贴并加强养护即可。当有大面积的脱落时，必须按照施工工艺标准重新返工。

（4）卫生间地面铺砖前，应检查楼层上地漏接口是否安装好防水托盘并低于地面建筑标高20mm；坐便器和浴缸在楼板上的预留排水口是否高出地面建筑标高 10mm；地面防水层完工后其蓄水实验、地漏泛水、防水层四周贴墙翻边高度等是否检验合格。

（5）混凝土地面应将基层凿毛，凿毛深度 5~10mm，凿毛痕的间距为 30mm 左右。清净浮灰、砂浆、油渍，将地面洒水刷扫，或用掺 108 胶的水泥砂浆拉毛。抹底子灰后，底层六七成干时，进行排砖弹线。

（6）地面基层必须处理合格。基层湿水可提前1天实施。铺贴陶瓷地面砖前，应先将陶瓷地面砖浸泡2小时以上，以砖体不冒泡为准，取出晾干待用，以免影响其凝结硬化，发生空鼓、起壳等问题。

（7）如果非整砖的拼凑过多，会直接影响到装饰效果和观感质量，尤其是门窗口处，易造成门口、窗口弯曲不直，给人以琐碎的感觉。粘贴前应预先排砖，使得拼缝均匀。在同一面墙上横竖排列，不得有一上一下的非整砖的随意拼凑粘贴，且非整砖的排列应放在次要部位。

### 2. 铺地板常见问题

（1）材质不符合要求。一定要把好地板配套系列材质的入场关，必须符合现行国家标准和规范的规定。要有产品出厂合格证，必要时要做复试。大面积施工前应进行试铺工作。

（2）面层高低不平。要严格控制好楼地面面层标高，尤其是房间与门口、走道和不同颜色、不同材料之间交接处的标高能交圈对口。

（3）交叉施工相互影响。在整个活动地板铺设过程中，要抓好以下两个关键环节和工序：一是当第二道操作工艺完成（即把基层弹好方格网）后，应及时插入铺设活动地板下的电缆、管线工作。这样既能避免不必要的返工，同时又能保证支架不

地板铺装问题

被碰撞造成松动。二是当第三道操作工艺完成后，第四道操作工艺开始铺设地板面层之前，一定要检查面层下铺设的电线、管线确保无误后，再铺设地板面层，以此来避免不必要的返工。

（4）缝隙不均匀。要注意面层缝格排列整齐，特别要注意不同颜色的电线、管线沟槽处面层的平直对称排列和缝隙均匀一致。

（5）表面不洁净。要重视对已铺设好的面层调整板块水平度和表面的清洁工作，确保表面平整洁净，色泽一致，周边顺直。

## （二）现场问题处理

### 1. 地面砖出现爆裂或起拱

（1）检查一下整个房间内的地砖，看是个别瓷砖起拱还是大面积起拱。检查时可以用敲击瓷砖的方法，声音发空的瓷砖说明已经空鼓了，也就是瓷砖已跟水泥层分离了。这样的瓷砖如勉强压下去，很容易破裂。因此，必须把拱起的瓷砖撬起来，重新铺。如果空鼓的瓷砖数量多，就干脆整个重铺了。

（2）把拱起的瓷砖与其他瓷砖之间的接缝用切割机锯开（切割时会有很大的粉尘，所以需要不停地往切割机里加水）。要很小心地把瓷砖掀起，动作一定要轻，否则容易造成瓷砖破裂。

（3）把粘在瓷砖边上的水泥砂浆全部刮掉。处理下面的水泥层，刨掉1~2cm，并清理干净。

（4）均匀涂上一层混合水泥砂浆。水泥与黄沙比例为1：2，水泥强度等级为32.5级水泥。如果使用的是白水泥，一定要采用108胶，这样可以使水泥与地砖之间紧密黏合。

（5）把清理好的瓷砖重新铺好，压平，等水泥彻底干透后再使用填缝机加固，从而避免地砖上翘、开裂的现象。

地砖起拱

### 2. 木地板问题

（1）地板表面不平处理。主要原因是基层不平或地板条变形起拱所致。在安装施工时，应用水平尺对龙骨表面找平，如果不平应垫垫木调整。龙骨上应做通风小槽。板边距墙面应留出10mm的通风缝隙。保温隔声层材料必须干燥，防止木地板受潮后起拱。木地板表面平整度误差应在1mm以内。

（2）木地板起拱、变形。如果地板只是微量

地板变形

变形，可以拆掉踢脚板，让地板下方与室内形成对流、晾干，地板会随着潮气的散干而慢慢恢复水平。如果地板变形比较明显，则必须拆下变形地板，放在阴凉通风处晾干，并在上面压上重物，使其恢复平整后再安装回去。对于变形严重的地板，则只能重新更换。

地板起拱后，可以尝试将起拱处的地板拆掉，或者用锯子锯开一条缝，让其慢慢恢复到不再变形后，再换装新的地板。如果起拱较为严重或者面积较大，则只能将旧地板拆除后，重新铺装。

（3）木地板踩上去有异响。地板踩上去"咯吱咯吱"响，很多新装修的业主在装完地板后都遇到了这个比较郁闷的问题。要想知道是什么原因引起的，那就要看发出的声音是怎么个响法。

如果某个地方踩一脚响一下，再踩再响，连续如此，那肯定是木地龙与地面木榫之间没有固定好，或者木榫材质太软不吃力，被地拢拉起来所致；若是某个地方踩上去有时会有声音，有时没有，这种状况大多是地板钉小于实木地板的钻头孔之故，或是地板雌雄槽之间有松动的空隙造成的（这与地板本身质量也有关系）。

处理地板有响声的办法很少，即便处理后问题缓和了，还是不能根治。要根治只有一个办法，重新紧固地龙，重装地板。只有在安装地龙和地板之前，注重以下工艺和方法，地板才不会响。

1）安装地龙前一般都用 12 mm 的电锤钻头打孔，那么起码要 18~20mm 以上的方形木榫夯实才有用，不能很轻松就打下孔去，过几天木榫一干燥就收缩了。

2）夯地的木榫材质要比地龙材质硬，木材硬收缩力就小，地龙就不容易把木榫弹拉上来，保持稳固性。

3）有的房间地面水平高度有差别，这时木匠师傅在地龙下面会垫一些刀形木塞或三夹板之类，保证地龙水平。这时千万别忘了，垫高 2.5cm 以上的地龙之前，必须要打上短地龙相互固定，防止地龙左右摇晃摆动，以保证地龙平整牢固。

4）安装实木地板钻孔时，孔径一定要比地板钉小，这样地板才吃钉。

5）墙面四周预留 1 cm 以上的地板收缩缝，以避免气候变化或地板含水率不符造成膨胀起拱。

（4）木地板被虫蛀。大部分的品牌地板在制作的过程中，都会有一道工序是在高温的环境下，使木材充分干燥，同时这个步骤也会杀死木材里可能存在的虫子和虫卵。另外，成品的实木地板外还要进行油漆，这样，即使有没被杀死的虫子和虫卵，也会被封死窒息而死。因此，一般合格的实木地板是不会把虫子和虫卵带进室内的。但铺装实木地板的时候需要使用龙骨，木龙骨通常没有经过高温加工，很可能留下虫子或虫卵的隐患，潮湿和温度适宜的时候就可能遭到虫子的侵蚀，然后殃及地板，一般地板生虫最主要的原因就是潮湿。

如果虫蛀的情况已经很严重了，想根治的话，建议还是请木工撬掉虫蛀的部分，在干燥的地面撒下防虫粉之后，铺上一层厚质防潮膜。因为防潮膜一般厚度有 5~10mm，这样可以有效阻止地下湿气的渗透，注意要顾及墙脚的位置，因为墙角是最容易产生潮湿生虫的部位，不能让局部影响了整体。

如果想防潮更彻底些，可以再铺上一层活性炭。活性炭具有吸潮防虫的作用，不仅能有效防止地板变形还可以吸收室内的烟味、臭味，吸附二氧化碳，还可以改善房间里的空气质量。

有人认为木地板铺装前在地面撒一层花椒粉可以有效防止生虫。干花椒的确可以驱虫，但很多实例表明，花椒由于潮湿生虫，反而会引发地板生虫。所以，最好的办法就是给地面多做一层防潮处理，或是给地板多刷一层防潮漆。

如果虫害的情况不太严重，不想把地板撬掉，还可以考虑用个土方法：把白石灰筛成只留细末，再准备几张 A4 纸，每两张纸为一个单位，沿着地板插在缝隙里，然后将白石灰沿着两张 A4 纸中间撒进地板下面。填白灰时要留有缝隙，不要完全填满。这些白灰能有效地吸附掉地板之间的水分，杀死虫卵。

地板虫蛀现象

白石灰去虫

**避免木地板泡水的应对措施**

如果木地板不小心浸水了，应在第一时间拆掉泡水地板。实木地板最好找专业人士来拆除，其他如复合地板等就可以拆开踢脚线，撬开一块地板，剩下的都可以自己拆除。

拆除后的地板要放在通风的地方晾干，不可暴晒，因为暴晒能使水分快速流失，会导致地板变形。然后将地面擦干、晾干、吸干，再将地板重新安装。不过由于地板泡过以后原来的胶都失效了，因此最好再请专业的安装工人进行铺装。地板泡水之后再次使用，性能会打些折扣，肯定会容易变形，所以可以在重新铺装后打点地板蜡或精油护理一下，能起到一定的维护作用。

地板泡水后需要尽快采取措施，如果浸泡三四天以后才采取措施恐怕于事无补了。以上办法是在地板全部被浸泡后需要采取的应急措施，在平时生活中，如果只是小面积沾水，比如不小心倒了一盆水在地板上，只需要多擦几遍，用风扇吹干即可。

（5）木地板刮花。关于木地板刮花的问题，实木地板与复合地板的处理方法不尽相同。① 实木地板：如果划痕未造成地板表面的漆膜损坏，只是有一点印痕，可用抛光蜡直接抛光。若漆膜破损地板露白，可用 400 号水砂纸蘸肥皂水打磨，然后擦干净。待干后，进行局部补色。色干后，再刷涂一道漆。干燥 24 小时后，用 400 号水砂纸磨光，然后进行擦蜡抛光即可。② 复合地板：用稍微潮湿的拖布，配合地板清洁剂，在地板划痕处擦拭即可。

# 七、门窗常见问题处理

## （一）门窗施工常见问题

（1）如果没有在铝合金推拉窗的下框槽口设置排水孔或设置的位置不合理，容易造成下雨时槽内存水无法排出，水满后溢出损坏窗下墙的装饰层。因此，应按要求在铝合金推拉窗的下框槽口内开设一个 6mm×50mm 的长方形排水孔，并应留有排水通道。

（2）由于塑料门窗型材的材质较脆且是中空多腔，内设的增强型钢在转角处没有经过焊接，其整体刚度较差。如果在运输及装卸过程中野蛮作业，很容易造成门窗变形、表面损伤或型材断裂。在运输塑料门窗时，应竖直排放并固定牢固，以防止在运输过程中颠震损坏。门窗与门窗之间应用非金属软质材料隔开，五金配件的位置也应相互错开，以免发生碰撞、挤压，造成门窗损坏。在装卸塑料门窗时，应轻拿轻放，不得用丢、摔、甩等野蛮的方式进行作业。

（3）如果直接用钉子钉入墙体内固定塑料门窗与墙体的固定片，经过长时间的使用后钉子会发生锈蚀、松动，导致门窗的连接受到破坏，严重的会影响到使用的安全性。如果与塑料门窗相连接的是混凝土墙体，可采用射钉或塑料膨胀螺钉固定；如果与塑料门窗相连接的是砖墙或轻质隔墙，则应在砌筑时预先埋入预制的混凝土块，然后再用射钉或塑料膨胀螺钉固定。

（4）钢门窗的框在使用过程中发生弯曲变形，会导致门窗关闭不严密，严重的可使门窗关不上或打不开，影响钢门窗的使用。如果发现钢门窗发生变形，应根据变形的实际情况进行适当处理。情况较轻者，可用氧气等加热烘烤的方法进行局部矫正；如果情况较严重，则需要拆除重新安装。

（5）钢门窗与墙体之间的连接松动，进而引发了门窗摇晃、不垂直、不平整或渗水等问题。对于门窗摇晃、不垂直、不平整等问题，应拆除连接固定点进行纠正处理，然后将框上的铁脚焊牢和两侧及框下的铁脚预埋件焊牢；对于渗水问题应用 1∶2.5 的水泥砂浆分层填嵌钢门窗与墙体之间的缝隙，并浇水养护 7 天以上。

（6）钢门窗拥虽然有很多优点，但最大的缺点就是钢门窗在使用一段时间后容易产生锈蚀，不仅影响装饰效果，也影响正常使用。要想增加钢门窗的使用时效，在购买时就要注意一定要购买正规厂家生产的钢门窗，而且要了解生产厂家是否具有酸洗磷化和喷涂防锈涂料的设备。防锈涂料的厚薄要均匀，不得有明显的堆涂、漏涂等质量缺陷。

（7）铝合金门窗在安装完毕后，发现门窗口不垂直，或有倾斜。不但影响装饰效果，而且还会影响门窗的开启和关闭的使用灵活性。如果发现铝合金门窗不垂直或有倾斜的现象不是很严重的，则可以忽略；若问题较严重，影响正常使用，则应拆除锚固板，将门窗框重新校正后再进行固定。

（8）铝合金推拉门窗在使用一段时间后，门窗在推拉时会有卡死或卡阻现象，严重的还会出现脱轨或掉落。如果发现门窗在推拉时有卡死或卡阻现象必须及时纠正。其原因是门窗发生变形，若是因为用料偏小、强度不足或刚度不够等情况致使门窗推拉不灵活，则必须拆除后重新安装。

（9）有些施工人员在塑料门窗施工完毕后，过早撕掉了门窗上的保护膜，使得门窗出现划痕、碰撞、污染等问题。相反如果撕掉保护膜的时间较晚，则很容易导致保护膜老化，撕掉有困难。塑料门窗保护膜撕掉的时间应适宜，要确保在没有污染源的情况下撕掉保护膜。一般情况下，塑料门窗的保护膜自出厂到安装完毕撕掉保护膜的时间不得超过 6 个月。如果出现保护膜老化的问题，应先用 15% 的双氧水溶液均匀地涂刷一遍，再用 10% 的氢氧化钠水溶液进行擦洗，至此保护膜便可顺利地撕掉。

## （二）现场问题处理

### 1. 门窗出现渗漏

日常使用中，有时会发现门窗框周边同墙体连接处出现渗水，尤其在窗下角为多见。出现门窗渗水的原因大致有以下两点。① 门窗框同墙体连接处产生裂缝，而安装时又未用密封胶填嵌密封，雨水自裂缝处渗入室内。② 门窗拼接时，没有采用套接、搭接方式，也未采用密封胶密封。

为了防止门窗框渗水，在施工时应采取相应措施。

1）为了防止裂缝处渗水，门窗框同墙体间应做弹性连接，框外侧应嵌入木条，留设 5mm×8mm 的槽口，防止水泥砂浆同框体直接接触。

连接处槽注胶

2）施工时应先清除连接处槽内的浮灰、砂浆颗粒等杂物，再在框体内外同墙体连接处四周，打注密封胶进行封闭。注胶要连续，不要遗漏，粘结要牢固。

3）组合门窗杆件拼接时，应采用套插或搭接连接，搭接长度不小于 10 mm，然后用密封胶密封。严禁采用平面同平面组合的方法。

4）对外露的连接螺钉，也要用密封胶掩埋密封，防止渗水。

### 2. 窗户漏风

（1）如果漏风的缝隙是安装遗留下来的问题，应该采取最好的措施是先把窗框和门套同墙体的缝隙清理干净之后，用发泡胶塞进去，接着用水泥和砂来填进缝隙，最后再去做修补。

（2）产品没有安装好留下来的缝隙，首先要看是工人安装不到位还是产品本身有问题。如果是产品的原因，应该找经销商，或者是厂家。如果是工人在安装的时候出的问题，可以拆卸下来，重新安装上去就行了。

（3）如果缝隙不是很大的，可以粘密封条，不过这样下次还是要粘贴，有点麻烦。

（4）如果缝隙很大的话，在原来的窗户里面加一层塑钢窗就好了。